中国地质大学(武汉)秭归产学研基地野外实践教学系列教材

秭归产学研基地野外实践教学教程

——土木工程分册

李雪平　周小勇　左昌群　编

内容提要

全书共分为五章,分别从三峡教学实习要求、秭归实习地质背景条件、工程实习基础知识、秭归实习区工程概况、实习教学路线进行了阐述与讲解,使工程专业地下建筑与道路桥梁方向的本科学生以及现场教学的老师能够充分掌握和理解现场实习内容。本书既是一本有针对性的实习教学用书,也是一本内容丰富的学习参考书。

图书在版编目(CIP)数据

秭归产学研基地野外实践教学教程——土木工程分册/李雪平,周小勇,左昌群编. —武汉:中国地质大学出版社,2014.6(2018.1重印)

中国地质大学(武汉)秭归产学研基地野外实践教学系列教材

ISBN 978-7-5625-3375-7

Ⅰ.①秭…

Ⅱ.①李…②周…③左…

Ⅲ.①野外作业-土木工程-工程地质-高等学校-教材

Ⅳ.①P622②P642

中国版本图书馆 CIP 数据核字(2014)第 117385 号

秭归产学研基地野外实践教学教程——土木工程分册	李雪平 周小勇 左昌群 编	
责任编辑:彭 琳	责任校对:张咏梅	
出版发行:中国地质大学出版社(武汉市洪山区鲁磨路 388 号)	邮编:430074	
电 话:(027)67883511 传 真:(027)67883580	E-mail:cbb@cug.edu.cn	
经 销:全国新华书店	Http://www.cugp.cug.edu.cn	
开本:787 毫米×1 092 毫米 1/16	字数:304 千字 印张:10.375 图版:24	
版次:2014 年 6 月第 1 版	印次:2018 年 1 月第 2 次印刷	
印刷:武汉市籍缘印刷厂	印数:1 001—2 000 册	
ISBN 978-7-5625-3375-7	定价:32.00 元	

如有印装质量问题请与印刷厂联系调换

前　言

专业认识实习是学生即将进入专业课程学习前的一个教学环节,不仅能使学生为专业学习做好心理准备,对专业研修对象有个概略的认识和了解,还能为后续专业课的学习奠定感性基础。中国地质大学(武汉)土木工程专业本科学生专业认识实习是在修完专业基础课和部分专业课学分之后,在北戴河地质认识实习的基础上,在三峡地区进行为期3周的以水文地质、工程地质调查和专业认识为主要内容的综合性教学实习。

我校土木工程专业的认识实习从2006年开始在三峡秭归实习基地开展,为我校第一批进站实习的专业之一。2005年12月,由地球科学学院牵头,举行了全校地质相关专业的三峡秭归实习集体备课,我系相关老师参加了此次集体备课。自2006年第一批学生进站实习以来,实习基地均组织以学院为单位的相关专业集体备课。土木工程系的老师每年轮流进入实习站指导学生实习。截至2013年,我校还没有正式出版的土木工程专业的实习指导书,因而学校于2013年组织各学院老师编撰中国地质大学(武汉)秭归产学研基地野外实践教学系列教材时,我们组织相关老师编写了《秭归产学研基地野外实践教学教程——土木工程分册》这本教材。

全书共分五章:第一章为三峡教学实习要求,第二章介绍了实习区地质条件,第三章介绍了工程实习基础知识,第四章介绍了实习区的工程概况,第五章介绍了实习教学路线。本书是在中国地质大学(武汉)2005年集体备课,2006年至2013年学院集体备课的基础上,并综合土木工程系历年备课讲义统编而成,凝聚了许多老师的工作结晶。本书道路与桥梁部分由周小勇老师编写,隧道部分由左昌群老师编写,地质部分由李雪平老师编写。全书由李雪平老师统编。本书的完成得到了学校和学院的大力支持和帮助。中国地质大学出版社为本书的出版做了许多细致的工作,特向他们表示诚挚的谢意。本书在编写过程中参考和吸取了近年来国内外专家和同行的研究成果,在此表示诚挚的感谢。

由于各方面的原因,书中尚有不妥或错漏之处,欢迎读者批评指正。

编者
2013.12

目 录

第一章 三峡教学实习要求 ································· (1)
   第一节 实习目的 ··· (1)
   第二节 教学进程及要求 ··································· (1)

第二章 秭归实习区地质背景条件 ····················· (3)
   第一节 自然地理与气象水文 ···························· (3)
   第二节 地形地貌 ··· (5)
   第三节 地层岩性 ··· (5)
   第四节 地质构造 ·· (15)
   第五节 新构造运动及地震 ······························ (17)
   第六节 水文地质条件 ···································· (19)
   第七节 物理地质现象及工程地质问题 ··············· (21)

第三章 工程实习基础知识 ······························ (24)
   第一节 桥梁工程 ·· (24)
   第二节 道路工程 ·· (54)
   第三节 水利水电工程 ···································· (86)
   第四节 隧道工程 ·· (98)
   第五节 地质灾害认识与防治 ··························· (105)

第四章 秭归实习区工程概况 ·························· (113)
   第一节 水利水电工程 ···································· (113)
   第二节 交通工程 ·· (120)
   第三节 工业与民用建筑工程 ··························· (121)
   第四节 港口工程 ·· (123)

第五章 实习教学路线 ···································· (125)
  第一部分 地质认识实习 ·································· (125)
  第二部分 道桥与隧道认识实习 ························· (142)
   第一节 桥梁工程 ·· (142)
   第二节 道路工程认识实习 ······························ (147)
   第三节 隧道工程认识实习 ······························ (148)
  第三部分 地质灾害治理认识实习 ······················ (150)

主要参考文献 ·· (160)

图版 ·· (161)

第一章 三峡教学实习要求

第一节 实习目的

土木工程专业的本科生学完专业基础课和部分专业课之后,在北戴河地质认识实习的基础上,将在三峡地区进行为期 3 周的以水文地质、工程地质调查和专业认识为主要内容的综合性教学实习,其目的有以下几点。

(1)在教师的指导下,通过对野外典型的水文地质、工程地质、地质灾害治理现状及其他工程实例的观察、认识、描述、分析来获得感性认识,从而加深对本专业所学课程理论知识的理解,培养学生的专业思维能力。

(2)通过对实习区道路、桥梁、隧道等结构的认识,为学生今后专业课程的学习打下基础。

(3)培养学生艰苦奋斗的生活作风,实事求是和团结协作的工作作风,开阔眼界,激发专业兴趣。同时增强体质,以适应野外工作环境。

第二节 教学进程及要求

一、动员准备阶段

通过实习动员、实习情况介绍,使学生了解实习的目的、内容、安排及要求达到的目标,从思想上和物质上做好准备,时间为 1 天。

准备工作包括:①每班按 4～5 人编一组,指选实习组组长;②检查野外用品(地质锤、放大镜、小刀、三角板、量角器、铅笔、稀盐酸、日常用的水文地质工程地质测量和测试仪器等)及其他劳保装备;③检查罗盘,校正磁偏角;④熟悉地形图,了解区域地质背景情况;⑤了解野簿的记录格式。

二、教学阶段及内容

在教师的带领下,以小组为单位进行野外基本工作方法的训练,为期一周半。

基本训练内容有:①辨识地形图及位置定点;②测量产状;③矿物、岩石的肉眼鉴定、描述及命名;④绘制地质信手剖面和实测地质剖面;⑤构造地质现象的观察、测量及描述;⑥第四系地质现象的观察调查;⑦水文地质现象的观察调查;⑧物理现象的观察调查;⑨水利水电工程、道路工程、桥梁工程、隧道工程、基础工程实例的考察。

要求：①每天及时整理当天收集的资料、清绘图件及上墨；②每天要做实习小结；③每天预习与第二天实习有关的内容。

三、编写实习报告阶段

编写实习报告主要是培养学生整理、归纳和综合分析实际调查资料的能力，使理论与实际相联系。时间为1周。

要求：①教师讲明资料整理的目的和要求，以及图件的格式、报告的提纲；②学生用2/3的时间完成图件的编绘及报告初编；③教师认真辅导，审阅图件，批改报告初稿；④学生用1/3的时间修改、清抄。

四、成绩评定

实习结束时，教师按教学阶段的表现和实习报告的编写质量等进行综合评定，分为优秀（90分以上）、良好（80～89分）、中等（70～79分）、及格（60～69分）和不及格（60分以下）5个级别。在评定成绩时，必须坚持标准，严格要求，实事求是，对不及格者，必须严加审定。不及格者必须重新进行下一次教学实习（实习经费自理），并达到基本要求，否则不能获得学士学位。

第二章　秭归实习区地质背景条件

第一节　自然地理与气象水文

实习区地处大巴山、巫山余脉和八面山坳会合地带。长江自西向东流经该区,形成狭谷型河谷地貌。境内地形起伏,峰峦叠嶂,总体地形自北西向南东、两岸分水岭向长江河谷呈阶梯状下降。周边相对较高地形为南部的云台荒。

一、气候

秭归地处中纬度,属亚热带大陆性季风气候,温暖湿润、光照充足、雨量充沛、四季分明、初夏多雨、伏秋多旱,冬春少雨雪。受峡谷地形影响,区内气候垂直变化明显,海拔1 500m以上高山区基本无炎热夏季,海拔1 800m以上地带,寒冷天气达226天。不同海拔地带气温相差较大,年平均气温6~18.3℃之间。其境内气温呈现中间高、南北低的趋势,极端最高气温达42℃,极端最低气温-8.9℃,最高温多出现在7月,最低温出现在1月。全年无霜期平均260天左右,低山河谷区平均270~310天,半高山区240~270天,高山区240天以下。初霜日平均在12月18日,终霜日平均在次年2月13日。平均初雪为12月20日,平均终雪为次年3月2日。年均降雨日数约136天。最多风向与河谷走向一致,多为偏南风,次为偏北风,受地形影响,风速一般较小。

二、降水及蒸发

秭归县内年降水量为950~1 590mm,平均1 439.2mm。长江河谷地带平均1 000mm左右,降雨随海拔升高而增加,每升高100m,降雨增加35~55mm。最大年降雨量为1963年,达1 430.5mm,最小年降雨量为1966年,为733mm。每年6~8月降水量最大,11、12、1、2月份降水量最小,月降雨量及峰期随不同海拔高程而不同。大部分地区降水日数为120~140天。降雨量达50mm以上的暴雨多发生在6~7月,日降雨量达100mm以上,暴雨较少,1~2次/10年,日降雨量150mm以上更少,最大发生于1975年8月9日,24小时降雨量达258.7mm。

年均蒸发量多于降水量,河谷区平均蒸发量为1 429.4mm,8月份蒸发量最高,平均为214.8mm。

三、水文

区内河流水系发育,在未建库前,境内长江水面宽150~300m,流速为1.5~2.0m/s,正常流量为 0.3~0.5 万 m³/s，多年平均流量为 1.4 万 m³/s。

区内溪流网布，长江流域二级河谷有青干河、童庄河、九畹溪、茅坪河、龙马溪、香溪河、吒溪河、泄滩河。几条河流基本情况如表 2-1（建库前）所示。

表 2-1 二级河谷形态水文特征

河流名称	全长(km)	河床均宽(m)	平均水深(m)	平均坡降(‰)	平均流量(m³/s)
青干河	境内 53.9	50.0	1.0	10.9	19.06
童庄河	36.6	50.0	0.6	22.0	6.36
九畹溪	42.3	40.0~110.0	0.8	30.6	17.5
茅坪河	境内 23.9	40.0	0.2	42.0	2.47
龙马溪	10.0	2.5		98.0	1.11
香溪河	境内 11.1	80.0	1.5	5.12	47.4
吒溪河	境内 52.4	40.0		13.5	8.34
泄滩河	17.6	120.0		63.0	1.93

四、自然资源

实习区秭归县全境面积约 24.3 万 hm²，其中森林占地 51.27%，水面占地 4.12%。

矿产资源主要有以下几种。

(1) 煤。分布于下二叠统栖霞组、马鞍山组，上二叠统吴家坪组，上三叠统沙镇溪组和下侏罗统香溪组 4 个层位。

(2) 金与金银矿。县内产地有 4 处，均为含金石英脉型矿产，富集于断层破碎带，具一定规模，品位较高。

(3) 铁矿。主要贮存于上泥盆统写经寺组地层中，属于低磁高磷赤铁矿，有矿床点 10 处，品位稳定。1~4 个矿层有一定规模，有开采利用价值。

(4) 地热。县内有温泉点 1 处，位于平睦河东，唐家堡对岸，处庙垭温泉（又名五龙温泉），出露于奥陶系灰岩中，泉出露标高 460m，无色、无味、无嗅，水温为 29.5℃。水的总硬度为 15.14 德国度。总碱度为 5.05，pH 值为 7.7。属弱碱性硫酸重碳酸钙镁水，涌水量为 129.6t/d。

此外还有锰矿、铜矿、铅锌矿、石膏、磷矿、石灰石等矿产。

五、水力资源

境内水系发育，除长江外，发育多条河溪，其中 8 条水系水能蕴藏量为 17.20 万 kW，可开发量 6.06 万 kW，已部分开发，仍有巨大开发潜力。

在两河口、杨村桥、磨坪等碳酸盐岩地区，有较多的岩溶泉，流量 0.1m³/s 以上的有 37 处。其中黄龙洞、天生桥等已用于水力发电。其余用于农业灌溉或生活用水。

六、交通

县境内有长江水路交通及公路交通,公路网遍布全县各乡镇,交通比较便利。

第二节 地形地貌

秭归县地处我国地势第二阶梯向第三阶梯的过渡地带,境内山脉为大巴山、巫山余脉。地貌上划为板内隆升蚀余中低山地。总体地势西高东低,西部隆起山区与东部江汉凹陷平原形成明显的差异。长江自西向东流经境内,将县城划分为南、北两部分。因其构造地块升降、长江下切及地貌剥夷作用,形成自西向东、自长江两岸分水岭至河谷的层状地貌格局,以长江为最低谷地,显示出地势起伏、层峦叠嶂的景观。

境内山体延绵、峰谷相间、地形陡峻。全县最高峰为云台荒,海拔2 057m,最低点茅坪河口,海拔40m,平均海拔800m。发育有五指山、马苍山、天兴山、梨子山、凉风山、香炉山、向王山7条主要山脉,海拔800m以上高山有128座,其中1 000m以上有87座,2 000m以上2座。

第三节 地层岩性

三峡地区是我国南方地层分布典型地区,分布有地层标准剖面,南方出露的基岩地层除上志留统、下泥盆统、白垩系一部分、上石炭统和第三系(古近系+新近系)外,在该区几乎都可以见到。实习区内主要分布有自前震旦系至侏罗系地层。岩浆岩、沉积岩及变质岩三大岩类均有分布。

一、沉积岩

沉积岩广泛分布于实习区,其中包括碳酸盐岩、碎屑岩类,分布时代及岩性特征等见表2-2。

(一)中元古界

实习区中元古界主要分布于兰陵溪至翼家湾一带。在实习区内仅发育崆岭群第三段小以村组(Pt_2x)。岩性下部为大理岩、石英岩与二云斜长片麻岩互层,上部为角闪片岩、石英角闪片岩与二云母片岩互层。中元古界与下伏地层角度不整合接触。

(二)新元古界

实习区内的新元古界由南华系和震旦系组成,主要出露于黄陵背斜的边缘地区。

1. 南华系(Nh)

主要出露在实习区的九曲垴、泗溪、高家溪等处,包括莲沱组(Nh_1l)和南沱组(Nh_2n)与下伏崆岭群地层角度不整合接触。

表 2-2 地层简表

界	系	统	地层名称	岩组代号	厚度(m)	岩性简述
新生界	第四系	全新统		Qh	1～11	卵石、砂、亚砂土和黏土
		更新统		Qp	0～20	黏土、砾石
中生界	白垩系	下统	石门组	K_1s	37～275	上、下部为砖红色厚层砾岩,中部为砖红色中厚层石英砂岩与泥质粉砂岩互层
	侏罗系	上统	蓬莱镇组	J_3p	1 224～1 943	上部为紫红色泥岩、砂岩不等厚互层,下部为石英砂岩夹泥砾岩
			遂宁组	J_3s	572～1 065	下部以紫红色含灰质粉砂岩、粉砂质泥岩为主,上部以灰白色中—厚层细粒长石石英砂岩为主
		中统	上沙溪庙组	J_2s	1 060～1 244	上、下部为紫红色泥岩,中部为紫红色泥岩砂岩互层
			下沙溪庙组	J_2x	945～1 139	上部为灰绿色砂岩夹泥岩,下部为紫红色泥岩夹砂岩
			聂家山组	J_2n	678～1 066	上部为黄绿色泥岩夹砂岩,下部为黄绿色泥岩、粉砂岩夹介壳灰岩条带及透镜体
		下统	香溪组	J_1x	374～547	灰绿色中—薄层黏土质粉砂岩、粉砂质黏土岩夹细砂岩、炭质页岩及煤层
	三叠系	上统	沙镇溪组	T_3s	0～158	薄—厚层石英砂岩、粉砂岩、黏土岩夹炭质页岩和煤层
		中统	巴东组	T_2b^5	0～18	浅灰—灰黄色厚层微晶白云岩夹泥质白云岩,顶部为浅灰色厚层含生物屑微晶灰岩
				T_2b^4	0～469	中—下部为紫红色厚层黏土岩,上部为紫红色厚层粉砂岩夹细砂岩
				T_2b^3	0～392	浅灰色薄—中厚层含黏土质微晶灰岩与灰色中厚层微晶灰岩互层,夹泥灰岩
				T_2b^2	0～417	紫红色黏土质粉砂岩与紫红色含灰质粉砂质黏土岩不等厚互层
				T_2b^1	94～116	微晶白云岩夹溶崩角砾岩及黑色膏泥透镜体
		下统	嘉陵江组	T_1j^3	125～185	下部为含石膏假晶白云岩夹灰色溶崩角砾岩,中—上部为厚层微晶灰岩夹中厚层微晶白云岩
				T_1j^2	179～323	下部为细晶生物屑、砂屑灰岩夹微晶灰质白云岩、溶崩角砾岩,中—上部为中—厚层微晶灰岩
				T_1j^1	120～313	以微晶白云岩为主
			大冶组	T_1d	476～882	薄层微晶灰岩夹中厚层微晶灰岩和泥灰岩
上古生界	二叠系	上统	长兴组	P_3c	3～6	浅灰—灰黑色薄—中厚层含燧石结核灰岩
			吴家坪组	P_3w	82～278	下部为硬砂岩、炭质页岩夹煤层,上部为浅灰色块状厚层灰岩,含少量燧石结核
		中统	茅口组	P_2m	145～282	灰岩为主,夹少量燧石结核
		下统	栖霞组	P_1q	100～253	薄—中厚层含燧石结核灰岩,具沥青气味
			梁山组	P_1l	0～36	灰黑色含砂质页岩、灰白色砂岩夹煤层
	石炭系	上统	黄龙组	C_2h	0～67	浅灰色中—厚层白云岩、灰质白云岩
		下统	岩关组	C_1y	0～25	下部为含生物屑微晶灰岩,上部为杂色、紫红色粉砂岩、细砂岩及页岩,顶部页岩中含针铁矿及赤铁矿结核
	泥盆系	上统	写经寺组	D_3x	0～34	泥质灰岩、生物屑灰岩及泥质、钙质粉砂岩、泥岩
			黄家磴组	D_3h	0～16	黄绿—灰绿色页岩、细粒石英砂岩及粉砂、粉砂质页岩
		中统	云台观组	D_2y	0～81	以灰白色中—厚层石英岩状砂岩、细粒石英砂岩为主

续表 2-2

界	系	统	地层名称	岩组代号	厚度(m)	岩性简述
下古生界	志留系	下统	纱帽组	$S_1 s$	91～182	灰绿色中厚—薄层石英细砂岩、粉砂岩夹粉砂质页岩
			罗惹坪组	$S_1 lr$	804～1 102	以页岩、粉砂岩为主
			龙马溪组	$S_1 l$	496～610	页岩夹粉砂岩
	奥陶系	上统	五峰组	$O_3 w$	7	灰黑色炭质硅质岩夹炭质页岩
			临湘组	$O_3 l$	3～5	灰—黄绿色中厚层泥质瘤状灰岩
			宝塔组	$O_3 b$	19	青灰色或紫红色中厚层龟裂纹灰岩
		中统	庙坡组	$O_2 m$	1～2	灰褐—灰黑色页岩与中厚层微晶灰岩互层
			牯牛潭组	$O_2 g$	18	青灰—灰绿色中—厚层瘤状灰岩
			大湾组	$O_2 d$	41～45	黄绿色页岩与薄—中厚层瘤状灰岩、泥质灰岩互层
		下统	红花园组	$O_1 h$	17～28	深灰色中—厚层灰岩夹粗晶生物屑灰岩
			分乡组	$O_1 f$	28～52	灰—深灰色厚层灰岩、生物屑灰岩夹黄绿色页岩
			南津关组	$O_1 n$	66～134	灰—深灰色厚层灰岩、生物屑灰岩、鲕状灰岩
	寒武系	上统	三游洞组	$\epsilon_3 s$	110～420	浅灰—深灰色厚层细晶白云岩夹硅质白云岩、硅质灰岩
		中统	覃家庙组	$\epsilon_2 q$	132～211	灰色薄—中厚层白云质灰岩,含燧石结核
		下统	石龙洞组	$\epsilon_1 sl$	60～106	灰色中厚层—块状白云岩夹角砾白云岩
			天河板组	$\epsilon_1 t$	88	以灰色薄层泥质条带微晶灰岩为主
			石牌组	$\epsilon_1 sh$	205～291	页岩、粉砂岩夹灰岩
			水井沱组	$\epsilon_1 s$	88～177	黑色炭质页岩与灰岩互层
			岩家河组	$(Z_2—\epsilon_1)y$	0.75～5	页片状泥质白云岩、细晶白云岩,间夹薄层硅质条带、含长石石英粉砂质磷块岩,黑色炭质灰岩夹炭质页岩、薄层状白云岩、硅质泥岩,偶夹粉砂质泥岩
新元古界	震旦系	上统	灯影组	$Z_2 dy$	61～245	灰白色块状白云岩、黑灰色薄板状灰质白云岩、角砾状白云岩
		下统	陡山沱组	$Z_1 d^4$	44.0	黑色薄层硅质岩、炭质泥岩夹白云质灰岩
				$Z_1 d^3$	60.9	灰白色厚层夹中厚状白云岩、粉晶—细晶白云岩,燧石结核及条带发育。上部为薄层状粉晶白云岩
				$Z_1 d^2$	89.2	深灰色—黑色薄层泥质灰岩、白云岩夹薄层炭质泥岩,呈不等厚互层状叠置
				$Z_1 d^1$	5.5	灰色、深灰黑色厚层含硅质白云岩,含燧石结核;薄—中层状白云岩、灰质白云岩
	南华系	上统	南沱组	$Nh_2 n$	0～91	灰绿色厚层—巨块状含砾冰碛泥岩
		下统	莲沱组	$Nh_1 l$	0～328	紫红色中厚层状石英砂岩,底部为(砂)砾岩
中元古界	崆岭群		小以村组	$Pt_2 x$	543～685	片岩、片麻岩及混合岩

1)下南华统

莲沱组($Nh_1 l$):下部为紫红、灰绿色粗—中粒长石石英砂岩及长石砂岩,上部主要为紫红色及灰白色晶屑、玻屑凝灰岩、凝灰质砂岩及岩屑砂岩。

2) 上南华统

南沱组(Nh_2n)：灰绿色夹紫红色厚层—块状冰碛砾岩、含冰石英砂砾泥岩，局部偶见薄层状粉砂质泥岩。砾石大小不等，大者砾径40cm，小者0.1～5cm，次棱角状，分选差。

2. 震旦系(Z)

震旦系地层包括下统陡山沱组(Z_1d)、上统灯影组(Z_2dy)，主要出露在实习区的九曲垴、泗溪、高家溪等处，与下伏南华系地层呈平行不整合接触。

1) 下震旦统

陡山沱组(Z_1d)，自下而上分为4段。

陡山沱组一段(Z_1d^1)：灰色、深灰黑色厚层含硅质白云岩，含燧石结核；薄—中层状白云岩、灰质白云岩。

陡山沱组二段(Z_1d^2)：深灰—黑色薄层泥质灰岩、白云岩夹薄层炭质泥岩，呈不等厚互层状叠置。

陡山沱组三段(Z_1d^3)：灰白色厚层夹中层状白云岩、粉晶—细晶白云岩，燧石结核及条带发育；上部为薄层状粉晶白云岩。

陡山沱组四段(Z_1d^4)：黑色薄层硅质泥岩、炭质泥岩夹白云质灰岩。

2) 上震旦统

灯影组(Z_2dy)：下部为蓝灰色、灰白色块状白云岩；中部为灰黑色中、薄层灰岩含燧石结核及条带，并含藻类及孢子化石；上部为灰色块状白云岩，偶含燧石结核或条带，并含藻类及微古植物。

（三）下古生界

1. 寒武系

寒武系地层在实习区内发育有下统岩家河组($Z_2—\epsilon_1)y$、水井沱组(ϵ_1s)、石牌组(ϵ_1sh)、天河板组(ϵ_1t)、石龙洞组(ϵ_1sl)，中统覃家庙组(ϵ_2q)，上统三游洞组(ϵ_3s)。主要分布在杨家屋场—碾子坪—牛肝马肺峡—妃子屋场—狮子包—岩口子—刘家坡一带，与下伏震旦系地层呈平行不整合接触。

1) 下寒武统

岩家河组($Z_2—\epsilon_1)y$：深灰色、灰白色薄—中厚层硅质白云岩、砂质页岩及黑色薄—中厚层灰岩夹炭质页岩、薄层硅质岩、内碎屑石灰岩等。为浅海相沉积，含小壳化石。

水井沱组(ϵ_1s)：上部为深灰色中层泥晶灰岩与炭质泥岩互层，偶夹燧石结核；下部为黑色炭质泥岩夹透镜状灰岩。为浅海相沉积，含腕足类、海绵骨针及三叶虫等化石。

石牌组(ϵ_1sh)：灰绿色页岩、泥质粉砂岩夹薄层灰岩、鲕粒灰岩，灰色中层状泥晶灰岩、鲕粒灰岩与薄层粉砂质泥岩不等厚互层。为浅海相沉积，含三叶虫化石。

天河板组(ϵ_1t)：灰色薄—中层条带状白云质灰岩、泥晶灰岩、鲕粒灰岩夹钙质页岩，局部层段为鲕粒灰岩、核形石灰岩。为浅海相沉积，富含古杯类及三叶虫化石。

石龙洞组(ϵ_1sl)：浅灰色中厚层至块状晶洞粉晶白云岩、岩溶角砾岩夹中厚层状白云岩，局部风暴角砾岩、砾屑白云岩发育。

2)中寒武统

覃家庙组($\epsilon_2 q$)：灰—褐灰色薄—中厚层含燧石结核或硅质条带白云质灰岩，局部夹泥质灰岩、白云岩及同生角砾白云岩。

3)上寒武统

三游洞组($\epsilon_3 s$)：浅灰—深灰色厚层细晶白云岩夹硅质白云岩、硅质灰岩，局部含泥质条带及同生角砾。

2. 奥陶系

奥陶系地层在实习区内发育有下统南津关组($O_1 n$)、分乡组($O_1 f$)、红花园组($O_1 h$)、大湾组($O_1 d$)、牯牛潭组($O_1 g$)，中统庙坡组($O_2 m$)、宝塔组($O_2 b$)，上统临湘组($O_3 l$)、五峰组($O_3 w$)。主要分布在铺坪—龙马溪—新滩—界垭、邓家淌—野茶园—穿心店—刘家屋场一带，与下伏寒武系地层整合接触。

1)下奥陶统

南津关组($O_1 n$)：下段为灰色厚层灰岩，含生物灰岩，局部见有鲕粒，底部夹钙质泥岩或极薄的页岩；中段为浅灰色厚层白云岩；上段为灰色中厚层或厚层含鲕砾砂屑灰岩及生物碎屑灰岩，具硅质条带、白云质条带。含牙形石、笔石、三叶虫等化石。

分乡组($O_1 f$)：灰—深灰色厚层灰岩、生物屑灰岩夹黄绿色页岩。

红花园组($O_1 h$)：深灰色厚层灰岩、生物碎屑灰岩夹页岩，产朝鲜角石、满洲角石、海绵、蛇卷螺等。

2)中奥陶统

大湾组($O_2 d$)：黄绿色页岩与紫红色或灰绿色薄—中厚层瘤状灰岩、泥质灰岩互层，下部产杨子贝化石。

牯牛潭组($O_2 g$)：青灰—灰绿色中—厚层瘤状灰岩，下部瘤状构造不甚明显。

庙坡组($O_2 m$)：灰褐—灰黑色页岩与中厚层微晶灰岩互层。

3)上奥陶统

宝塔组($O_3 b$)：为厚层灰白及灰褐色龟裂纹石灰岩，瘤状灰岩，夹薄层泥质灰岩；产中国震旦角石；上部为浅灰色，中下部为紫红色含白云质泥质灰岩，中上部龟裂纹构造发育。

临湘组($O_3 l$)：灰—黄绿色中厚层泥质瘤状灰岩，顶部为灰绿色泥灰岩。

五峰组($O_3 w$)：灰黑色炭质硅质岩夹炭质页岩，顶部为深灰色硅质灰岩。

3. 志留系

志留系地层在实习区内发育有下统龙马溪组($S_1 l$)、罗惹坪组($S_1 lr$)，中统纱帽组($S_2 s$)。主要分布在宋家坪—新滩—蔡家坪—肖家湾—枇杷树沟—周坪—学堂包—大河口—芝兰、凉风台—磨坪—二甲一带，与下伏奥陶系地层平行不整合接触。

龙马溪组($S_1 l$)：下部为灰黑色含炭硅质黏土岩，含炭质页岩夹粉砂质页岩；上部为灰绿色页岩、粉砂质页岩夹中厚层粉砂岩、黏土质粉砂岩。

罗惹坪组($S_1 lr$)：下段为灰绿色薄层粉砂岩、黏土质粉砂岩夹细砂岩、粉砂质黏土岩，顶部为灰色中厚层钙质砂岩夹微晶生物屑灰岩，上段为灰绿色页岩、粉砂质页岩夹薄层粉砂岩或黏土质粉砂岩。

纱帽组（S_1s）：灰绿色中厚—薄层石英细砂岩、粉砂岩夹粉砂质页岩，上部夹黏土质结晶灰岩。

（四）上古生界

1. 泥盆系

泥盆系在实习区内发育有中统云台观组（D_2y），上统黄家磴组（D_3h）、写经寺组（D_3x）。主要分布在宋家坪—新滩—吕家坪—白上沟、岩屋坡—间西头—二岩口、三墩岩—唐垭—杨林—三台寺一带，与下伏志留系地层平行不整合接触。

1）中泥盆统

云台观组（D_2y）：以灰白色中—厚层石英岩状砂岩、细粒石英砂岩为主，局部夹粉砂岩及粉砂质黏土岩，底部石英岩状砂岩常含有石英砾石，具有水平层理和大型斜层理构造。

2）上泥盆统

黄家磴组（D_3h）：黄绿—灰绿色页岩、细粒石英砂岩及粉砂岩、粉砂质页岩，间夹1~2层鲕状赤铁矿层。

写经寺组（D_3x）：灰黄—青灰色泥质灰岩、生物屑灰岩及黄绿—黄褐色泥质、钙质粉砂岩、泥岩，顶底部常夹鲕状赤铁矿层及黄铁矿结核，呈中厚层状，具泥质条带构造。

2. 石炭系

石炭系在实习区内发育有下统岩关组（C_1y）和上统黄龙组（C_2h）。主要分布在宋家坪—新滩—杨林一带，与下伏泥盆系地层平行不整合接触。

1）下石炭统

岩关组（C_1y）：岩性较复杂，下部为深灰色页岩及深灰色含生物屑微晶灰岩，上部为杂色、紫红色粉砂岩、细砂岩及页岩，顶部页岩中含针铁矿及赤铁矿结核，多呈中—厚层状，具水平纹层构造。

2）中石炭统

黄龙组（C_2h）：下部为浅灰色中—厚层白云岩、灰质白云岩，底部常见硅化结晶白云岩及角砾状白云岩，上部为浅灰色厚层白云质灰岩及含生物屑灰岩。

3. 二叠系

二叠系地层在实习区内发育有下统梁山组（P_1l）、栖霞组（P_1q），中统茅口组（P_2m），上统吴家坪组（P_3w）、长兴组（P_3c）。分布在水井湾—白沱—下坪—大坪、港子口—林家村—上杨柳地、牛地坪一带，与下伏石炭系地层平行不整合接触。

1）下二叠统

梁山组（P_1l）：灰黑色含砂质页岩、灰白色砂岩夹煤层，底部为灰绿色薄层泥质页岩、褐黄色黏土层。

栖霞组（P_1q）：下部为黑—黑灰色薄—中厚层含燧石结核疙瘩状灰岩，夹含炭钙质页岩；中部为黑—深灰色中厚层状含沥青质灰岩；上部为灰—深灰色薄—中厚层含燧石结核灰岩，有时见瘤状构造。

2）中二叠统

茅口组（P_1m）：下部以灰黑色巨厚层灰岩为主，夹少量燧石结核；中部以燧石结核灰岩为主,燧石显著增多;上部为浅灰色灰岩。

3)上二叠统

吴家坪组(P_3w):下部为硬砂岩、炭质页岩夹煤层;上部为浅灰色块状厚层灰岩,含少量燧石结核;顶部以灰白—灰色硅质灰岩为主,含燧石结核。

长兴组(P_3c):浅灰—灰黑色薄—中厚层含燧石结核灰岩。

(五)中生界

1. 三叠系

三叠系地层在实习区发育有下统大冶组(T_1d)、嘉陵江组(T_1j),中统巴东组(T_2b),上统沙镇溪组(T_3s)。主要分布在秭归盆地周缘的东部、南部、西南部,与下伏二叠系地层整合接触。

1)下三叠统

大冶组(T_1d):主要为浅灰、肉红色薄层微晶灰岩夹中厚层微晶灰岩和泥灰岩,底部为厚4.5~50.6m的黄绿色页岩,下部夹黄绿色页岩,上部为灰色中厚层亮晶砂屑灰岩。

嘉陵江组(T_1j):自下而上分为3段。

嘉陵江组一段(T_1j^1):下部为浅灰色中厚层微晶白云岩及厚层溶崩角砾岩,底部为厚1.8~5.99m的含生物屑、砾屑亮晶鲕粒灰岩;中—上部为灰、深灰色微薄—中厚层微晶灰岩夹少量砾屑,砂屑灰岩及一层亮晶鲕粒灰岩。

嘉陵江组二段(T_1j^2):下部为灰色细晶生物屑、砂屑灰岩夹微晶灰质白云岩、溶崩角砾岩,底部为一层含石膏假晶白云岩;中—上部为浅灰、肉红色中—厚层微晶灰岩,夹微晶粒屑灰岩和生物屑微晶灰岩。

嘉陵江组三段(T_1j^3):下部为浅灰色中厚层含石膏假晶白云岩夹灰色溶崩角砾岩,中—上部为灰—深灰色厚层微晶灰岩夹灰白色中厚层微晶白云岩。

2)中三叠统

巴东组(T_2b):自下而上分为5段。

巴东组一段(T_2b^1):主要为灰色微晶白云岩夹溶崩角砾岩及黑色膏泥透镜体,底部为含石膏假晶灰岩,顶部为黄绿—蓝绿色页岩夹灰色薄层泥灰岩。

巴东组二段(T_2b^2):主要为紫红色黏土质粉砂岩和紫红色含灰质粉砂质黏土岩不等厚互层,夹泥灰岩、细砂岩和灰绿色泥岩条带。

巴东组三段(T_2b^3):主要为浅灰色薄—中厚层含黏土质微晶灰岩与灰色中厚层微晶灰岩互层,夹泥灰岩,下部夹黄色薄—中厚层微晶白云岩及溶崩角砾岩,上部夹少量浅灰色薄—中厚层灰质细砂岩及灰质水云母黏土岩。

巴东组四段(T_2b^4):中—下部为紫红色厚层黏土岩,含灰质粉砂质黏土岩夹蓝灰色中厚层含黏土质、粉砂质微晶灰岩;上部为紫红色厚层粉砂岩夹细砂岩。

巴东组五段(T_2b^5):主要为浅灰—灰黄色厚层微晶白云岩夹泥质白云岩,顶部为浅灰色厚层含生物屑微晶灰岩。

3)上三叠统

沙镇溪组(T_3s):为灰绿—灰色薄—厚层石英砂岩、粉砂岩、黏土岩夹炭质页岩和煤层。

2. 侏罗系

侏罗系地层在实习内发育有下统香溪组(J_1x),中统聂家山组(J_2n)、下沙溪庙组(J_2x)、上沙溪庙组(J_2s),上统遂宁组(J_3c)、蓬莱镇组(J_3p)。集中分布于秭归盆地,与下伏三叠系地层平行不整合接触。

1)下侏罗统

香溪组(J_1x):为灰绿色中—薄层黏土质粉砂岩、粉砂质黏土岩夹细砂岩、炭质页岩及煤层,一般上部以泥岩、黏土岩为主,偶夹亮晶生物屑灰岩;下部以粉砂岩、砂岩为主,最底部为一层灰白色、黄绿色厚层中粒石英砂岩,含砾石或夹砾岩。

2)中侏罗统

聂家山组(J_2n):下部为灰绿色薄—中厚层粉砂质黏土岩、粉砂岩、长石石英砂岩,夹少量紫红色泥岩、薄层粉砂岩;中部为紫红色薄—中厚层粉砂岩与灰绿色细粒长石石英砂岩不等厚互层,偶夹生物介壳亮晶灰岩;上部以紫红色中厚层粉砂岩、含砾黏土质粉砂岩为主,夹少量灰绿色薄层细砂岩、长石石英砂岩。

下沙溪庙组(J_2x):底部为灰绿色厚—巨厚层砂质砾岩;下部为紫红色厚层粉砂质泥岩、泥质粉砂岩,夹青灰色厚层中—细粒长石砂岩、岩屑长石砂岩;上部为紫红色薄层粉砂岩、含灰质泥质粉砂岩与青灰—灰绿色厚层长石砂岩、岩屑长石砂岩不等厚互层。

上沙溪庙组(J_2s):为紫红色至紫灰色薄—中厚层粉砂岩、黏土质粉砂岩、灰质粉砂岩与灰白色中—厚层细粒长石砂岩、岩屑长石砂岩、长石石英砂岩互层,底部为青灰—灰绿色厚层—块状中—细粒岩屑长石砂岩。

3)上侏罗统

遂宁组(J_3c):下部为紫红色含灰质粉砂岩、粉砂质泥岩,夹灰绿色厚层细粒长石砂岩;上部以灰白色中—厚层细粒长石石英砂岩为主,夹紫红色粉砂岩、泥质钙质粉砂岩。

蓬莱镇组(J_3p):下部为紫红色薄—中厚层灰质黏土质粉砂岩、粉砂质黏土岩与灰白色厚—中厚层中粒石英砂岩、长石石英砂岩等厚互层;上部以灰白色中厚—厚层长石砂岩、长石石英砂岩为主,夹紫红色钙质细砂岩,局部含砾或夹砾岩。

3. 白垩系

白垩系地层在县境内仅发育有下统石门组(K_1s)。主要分布在界垭、仙女山一带,与下伏侏罗系地层呈角度不整合接触。

石门组(K_1s):下部为砖红色厚层砾岩,顶部为砖红、灰白色石英砂岩,砾石主要为灰岩、白云岩,次为黑色燧石,呈次滚圆状,排列具一定方向,略具分选,大小一般为1~30cm,基底式胶结,胶结物主要为硅质;中部为砖红色中厚层石英砂岩与中厚层泥质粉砂岩互层,另夹砖红色砂砾岩层,交错层理发育;上部为砖红色厚层砾岩,砾石成分以灰岩和石英砂岩为主,次为黑色燧石,砾石大小不一,大者砾径为4cm,小者砾径为0.5cm,磨圆度尚好,但排列无方向,基底式胶结,胶结物为硅质、灰质。

(六)新生界

实习区新生界发育第四系更新统(Qp)和全新统(Qh)堆积物,多沿长江及其支流的河谷、冲沟及缓坡处零星分布,与下伏白垩系地层角度不整合接触。

第四系

1. 更新统（Qp）

更新统零星分布于实习区内河谷阶地、各级剥夷面、斜坡凹地等处，多种成因类型，其中以冲积及残、坡积分布最多。

下更新统（Qp_1）：棕红色亚黏土及砾石，残留于最低一级夷平面上及相应的盆地内。

中更新统（Qp_2）：棕黄色亚黏土含砾石或上部亚黏土、下部砾石层，主要分布于河谷5～3级阶地上。

上更新统（Qp_3）：黄褐色黏土，亚黏土和砂砾石，多具二元结构，断续分布于河谷2级阶地上。

2. 全新统（Qh）

全新统沿长江及其支流分布，构成河床、河漫滩堆积，为卵石、砂、亚砂土和黏土。卵石成分复杂，胶结松散，厚1～10m。此外，县境内还见有重力堆积、洞穴堆积、坡积、残积等多种成因类型的全新世堆积，为碎石、岩块、亚砂土、亚黏土等的混杂物，厚度和分布一般很小。

二、岩浆岩

（一）侵入岩

侵入岩集中分布在县境内东部黄陵背斜核部，属于扬子准地台古老结晶基底的一部分，均系前南华纪岩浆活动的产物：侵入中元古界崆岭群变质岩中，南华系地层不整合覆盖其上，其侵入时代应为前南华纪、前晋宁期。受北西向构造所控制，岩性复杂，从超基性—基性岩、中性岩至酸性岩都有出露。其中，中、酸性侵入岩呈岩基产出，规模较大，为县境内侵入岩的主体，其他基性、超基性岩等规模甚小，分布零星。根据侵入体相互的侵入顺序，侵入体与地层、构造之间的关系，同位素年龄，结合矿物岩石、地球化学特征，同时考虑岩体遭受区域变质的相对时间，将县境内侵入岩划为前晋宁期和晋宁期两个构造岩浆旋回（表2-3）。

（二）脉岩

实习区内脉岩不甚发育，集中分布于崆岭群和侵入岩中。基性、中性、酸性、碱性等各类脉岩均有出现。就形成时代而论，以晋宁期脉岩最为发育，前晋宁期脉岩少见。晋宁期第一阶段派生的脉岩主要有石英脉和伟晶岩脉，其分布比较广泛，多为北西走向。晋宁期第二阶段派生的脉岩主要有细—中粒花岗岩脉、花岗细晶岩脉、斜长花岗岩脉、辉绿岩脉、煌斑岩脉、辉绿玢岩脉、闪长岩脉和长英质岩脉等，多见于中—酸性岩体内，走向以近东西向和北东向为主，其他方向也偶有见及。

三、变质岩

实习区内变质岩仅分布于黄陵背斜核部，出露零星。其中，以区域变质岩为主，属铁铝榴石角闪岩相，并部分受到不同程度的混合岩化作用，局部形成了混合岩。此外，沿断裂或断裂带发育动力变质岩，同时，在侵入岩与围岩接触带，零星分布接触交代变质岩。

表 2-3 侵入岩与地层的接触关系

构造岩浆旋回		代号	岩石类型	接触关系	岩体名称
期	阶段				
晋宁期	第二阶段	γ_2^{2-2}	中细粒斜长花岗岩、斑状黑云母花岗岩、黑云钾长花岗岩	侵入崆岭群变质岩和基性、超基性岩及闪长岩中,被震旦系地层不整合覆盖	黄陵岩体、桃园岩体
晋宁期	第一阶段	$\delta\beta o_2^{2-1}$	英云闪长岩	侵入崆岭群变质岩和基性、超基性岩中,并被黄陵花岗岩侵入,同时被震旦系地层不整合覆盖	茅坪岩体
晋宁期	第一阶段	δ_2^{2-1}	闪长岩		安场坪岩体、竹林湾岩体
前晋宁期	晚期	$\Sigma-\nu_2^{1-2}$	含长二辉橄榄岩-角闪辉石岩-角闪辉长岩;斜长二辉辉橄岩-橄榄苏长辉长岩-辉长岩	侵入崆岭群变质岩中,并被黄陵花岗岩和茅坪英云闪长岩侵入	野竹池岩体、袁家坪岩体
前晋宁期	晚期	Σ_2^{1-2}	纯橄岩-斜辉辉橄岩-单辉辉橄岩		红桂香岩体、汪家岭岩体、马滑沟岩体
前晋宁期	晚期	$\Sigma\nu_2^{1-2}$	纯橄岩-单辉杂岩		梅纸厂岩体
前晋宁期	早期	ν_2^{1-1}	变质辉长岩	侵入崆岭群变质岩中,被超基性岩侵入,同时也被黄陵花岗岩侵入	茅垭岩体、小溪口岩体

(一)区域变质岩

区域变质岩在县境内崆岭群地层中可见,分为 7 个岩石类型。

1. 碱长片麻岩类

碱长片麻岩类主要有黑云奥长片麻岩、含二云奥长片麻岩、石榴黑云二长片麻岩、黑云二长变粒岩、二长浅粒岩等。

2. 云母片岩类

云母片岩类呈产状产出,厚度一般为 1~2m。岩石呈棕褐色,花岗鳞片变晶结构,片状构造。主要矿物成分为黑云母(60%)、石英(18%)、斜长石(5%)、普通角闪石(2%),普通角闪石呈纤维状,分布于黑云母间。

3. 斜长角闪岩及角闪片岩类

斜长角闪岩及角闪片岩类呈层状或似层状夹于其他岩层中,其化学成分与中基性岩和泥灰岩相似,包括含滑石绿泥石片岩、黑云斜长角闪岩、细粒斜长角闪岩、含磁铁石榴石透闪石角闪片岩、含黑云角闪斜长片麻岩等。

4. 云英片岩类

云英片岩类呈层状产出，以黑云石英片岩为主。岩石呈灰色，鳞片花岗变晶结构，片状构造，矿物成分为石英(69%)、黑云母(20%)、奥长石(10%)、石榴石(0.5%)等。

5. 大理岩及白云石大理岩类

大理岩及白云石大理岩类呈层状产出，包括含方解石白云石大理岩、蛇纹石白云石大理岩、蛇纹石化橄榄石大理岩等。

6. 石英岩类

石英岩常与大理岩、石墨片岩相伴生，往往呈夹层出现，岩石质纯，呈灰白色，不等粒花岗变晶结构，定向构造。矿物主要成分为石英(94%~98%)，其他矿物为少量白(绢)云母、斜长石、透辉石和微量磷灰石、磁铁矿等。

7. 石墨质岩类

石墨质岩类呈层状产出，常与大理岩、石英岩等共生，所属岩石有石墨片岩、含石墨二云片岩、含石墨黑云斜长片麻岩等。

(二)混合岩

实习区内混合岩仅见于学堂坪，零星分布于崆岭群地层中。主要包括条带状混合岩、角砾状混合岩、二长质混合岩等。在变质岩与混合岩的过渡地带，常发育混合岩化片麻岩。

(三)其他岩石

其他岩石包括动力变质岩和接触交代变质岩。

1. 动力变质岩

动力变质岩往往沿各种方向的压性、压扭性断裂分布，且多见于黄陵背斜崆岭群中的断裂带上。其岩石类型主要为碎裂岩、糜棱岩和构造片岩等，皆沿断裂呈北西向分布。

2. 接触交代变质岩

接触交代变质岩主要有矽卡岩和混染岩两种类型。前者分布于王家岭一带，位于黄陵花岗岩与大理岩的接触带上，见有矽卡岩型铜钼矿化；后者分布于野木坪、黑岩子等地，为英云闪长岩与变质岩的接触带所反映。

第四节 地质构造

秭归县处于新华夏构造体系鄂西隆起带北端和淮阳山字型构造体系的复合部位，构造格局较为复杂(图2-1)。县境内北西向构造主要发育于前南华纪变质岩系中，由一系列的褶皱和断裂组成，并伴随有岩浆活动；东西向构造分布于南部，以沉积盖层组成的褶皱为主，断裂不甚发育，主要构造形迹为香龙山背斜及其东侧的五龙褶皱带；新华夏系为县境内重要的构造体系，主要表现为新华夏系联合弧形构造和新华夏系复合式构造两种形式，前者在县境内的构造形迹有百福坪至流来观背斜、茶店子复向斜，后者主要为北东向构造，由北东向压性或压扭性

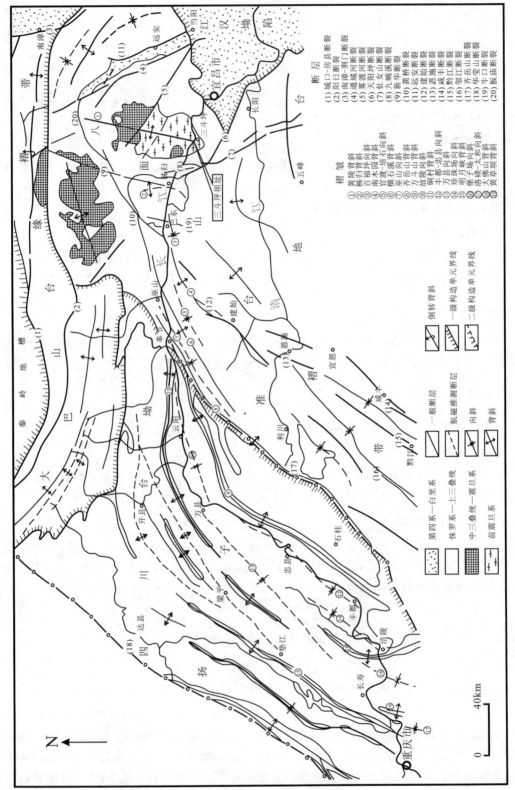

图 2-1 构造纲要图

断裂组成,主要构造形迹为黄陵背斜、秭归向斜;近南北向构造主要由仙女山断裂和九畹溪断裂组成,近平行向展布。

实习区附近较大一些的褶皱构造有黄陵背斜、秭归向斜。

黄陵背斜西半部构造形迹展布在太平溪至香溪一带,由砥柱和脊柱两部分组成。砥柱(基底)为古老的崆岭片岩及花岗岩。脊柱(盖层)为黄陵背斜,轴向北17°,实习区内南北轴长26km(全长120km),东西宽13km(全长85km)。西翼岩层产状倾角较陡(30°～40°),东翼岩层产状倾角较缓(8°～15°),南北端倾伏角小于15°。黄陵背斜出现在燕山期以前,在燕山期定型并继续发展,其构造形变较强烈,两侧形成地盾,实习区内只有西侧地盾,即秭归向斜。黄陵背斜对后期的新华夏系构造起着干扰和阻抗作用。

秭归向斜构造形变较弱,其轴向为北10°～20°东。由于受新华夏系构造的干扰和改造,使其轴线发生了"S"变形,向斜西翼倾角30°,东翼倾角25°。整个秭归向斜平缓开阔,由侏罗系内陆湖相地层所组成。

区域性大断裂有仙女山断裂、九畹溪断裂、新华断裂、天阳平断裂、水田坝断裂、牛口断裂、都镇湾断裂等。伴随较大断裂的差异活动形成断陷、坳陷盆地,如远安、仙女山、恩施、建始等盆地,形成盆地内巨厚的白垩系—古近系红色岩层。喜马拉雅运动进一步作用,使红层有轻微变形,局部断裂有微弱继承性活动。全区转入新构造运动时期的整体上升。

实习区主要断裂及特征见表2-4。

表2-4 实习区主要断裂及特征表

断裂名称	产状			长度(km)	宽度(m)	切割深度及类型	最新明显活动年代		现今运动状态及形变率(mm)	
	走向	倾向	倾角				相对年代	年龄值(×10^4)	垂直	水平
仙女山断裂	NW 335°～350°	北段倾向南西,南段倾向北东	60°～70°	约90(县境内约30)	10～50	切穿基底顶,进入基底层,为基底Ⅱ型断裂,断差1km	新近纪晚期—第四纪	17	0.06	顺扭兼呈受压,0.06
九畹溪断裂	NE 10°～15°	北西	70°～80°	约15	5	切穿基底顶,断差1.3km,为基底Ⅱ型断裂	新近纪晚期—第四纪	14	0.07	拉张顺扭,很低

第五节 新构造运动及地震

新构造运动总体表现为鄂西山地大面积总体隆升、地震活动及断裂活动等特征。

一、地壳隆升运动

自喜马拉雅运动以来,大致形成以南津关以西的川鄂山地大面积间歇性隆升,东部的江汉平原相对下降的格局。由于总体上升及间歇性稳定,形成三期五亚期剥夷面及长江下切产生的5~6级阶地地貌。剥夷面及阶地特征见表2-5、表2-6。

表 2-5 剥夷面及特征

期次		高程(m)	分布位置	形成时期
鄂西期	云台荒亚期	2 000~1 700	残留于远离长江的分水岭地带	完成于古近纪末或新近纪早期
	召风台亚期	1 500~1 300	广泛分布于川东、湘鄂山地	
山原期	周家堉亚期	1 200~1 000	广泛分布于长江及支流两岸	早更新世初或新近纪末
	五家坪亚期	800~900	分布于长江支流河谷	
云梦期		250~50	分布于峡外湖盆周缘	早更新世末或中更新世初

表 2-6 重庆—宜昌长江干流阶地基本情况表

阶地级序	形成时期		阶地分布地点高度/海拔高度(m) 相对高度							
	年龄	年代	重庆 李永沱	云阳	奉节	巫山	新滩 大势岭	茅坪 三斗坪	宜昌	宜都
T_{VI}	距今73万~40万年(宜昌、云池)	中更新世早期							$\frac{120}{170}$	
T_V			$\frac{125}{291(+6)}$						$\frac{102}{152}$	$\frac{49\sim54}{95\sim100}$
T_{IV}	$T_L 11.2±0.56$万年(宜昌黏土)	晚更新世早期	$\frac{99}{265}$	$\frac{95\sim97}{205\sim207}$	$\frac{92\sim97}{195\sim200}$	$\frac{94\sim99}{190\sim195}$	$\frac{97\sim101}{156\sim166}$		$\frac{70\sim75}{120\sim125}$	$\frac{35\sim37}{81\sim83}$
T_{III}	$T_L 9.09±0.45$万年(宜昌黏土)		$\frac{62\sim67}{225\sim290}$	$\frac{62\sim65}{110\sim116}$	$\frac{62\sim67}{165\sim170}$	$\frac{67.5}{163}$	$\frac{70}{135}$		$\frac{30\sim40}{80\sim90}$	$\frac{24\sim29}{70\sim75}$
T_{II}	$^{14}C\ 24\ 490±840$年(庙河钙质结核)	晚更新世晚期	$\frac{42\sim47}{205\sim210}$	$\frac{30}{140}$	$\frac{32\sim37}{135\sim140}$	$\frac{34.5}{130}$	$\frac{35\sim40}{100\sim105}$	$\frac{35}{95}$	$\frac{25}{75}$	$\frac{9\sim14}{55\sim60}$
T_I	$^{14}C\ 6\ 510+110$年(宜昌炭化木)	全新世	$\frac{23}{188.5}$				$\frac{19\sim21}{80\sim82}$	$\frac{15\sim20}{75\sim80}$	$\frac{7\sim10}{57\sim60}$	$\frac{7}{53}$

根据山原期夷平面推算，200万年以来，鄂西山地相对江汉坳陷，平均上升速率为0.5mm/a。据长江河谷阶地推断，近20万年以来，平均上升速率为0.3～0.4mm/a。据三峡区大地水准测量资料，三峡地区在总体隆升背景上，总的具有重庆—万县段上升5～9mm/a，万县—秭归段下降3～5mm/a，香溪—宜昌段上升约2～4mm/a的特征。

二、断裂活动性

区内未发现证据确凿的第四纪断裂，也未见新近沉积物变形及错断现象，断裂活动性主要表现为老断裂的继承性活动。本区主要断裂活动特征见表2-3。

三、地震活动性

该区早在公元前143年便有地震纪录，两千余年来，距该区200km以外，曾发生过4次6.5级左右的地震，5级以上地震也都在距本区130km以外。自1919年建立三峡库区地震监测台网以来，至1991年共记录到$M>1.0$级地震1 853次，$M>3.0$级61次。距离本区最近60～70km处，曾发生过3次较大地震（1961年宜都潘家湾4.9级，1969年保康马良坪4.8级，1979年秭归龙会观5.1级）。

3级以上地震活动与断裂构造关系密切，空间上具成带性特点。距本区较近的3个地震带是：

(1) 远安—钟祥地震带，位于黄陵背斜东侧，距三峡大坝55km。该带曾发生7次$M>4.0$级地震，马良坪地震位于此带。

(2) 秭归—渔关地震带，位于黄陵背斜西侧，距大坝17km，主要由仙女山、九畹溪断裂组成。30多年来，记录$M>1.0$级地震93次，潘家湾地震位于此带。

(3) 兴山—黔江地震带，位于黄陵背斜西侧，距大坝50km，主要由郁江断裂、齐岳山断裂等组成。30余年记录$M>1.0$级地震202次，龙会观地震位于此带。

区内平均震源深度约11km，89%在15km以内，属浅源地震。

实习区为地震基本烈度Ⅵ度区。

第六节　水文地质条件

实习区具有地层多样性、地质构造及地形条件复杂等特征，地下水赋存条件主要取决于地层岩性和构造条件。

一、地下水类型及特征

区内含水岩层（组）包括第四系松散岩类，白垩系、侏罗系、泥盆系、南华系南沱组碎屑岩类地层，震旦系至三叠系碳酸盐岩地层，前震旦系结晶杂岩。可分为3个区，即西部碳酸盐岩分布区、秭归向斜一带的碎屑岩分布区、茅坪一带的结晶岩分布区。其形成地下水的条件不同。碳酸盐岩区裂隙发育，岩溶也强烈发育，含水条件良好。碎屑岩区裂隙不太发育，结晶岩区也只是在风化带内含水，其含水条件较差。根据其含水性能，可划分为如下类型。

（一）第四系孔隙水

各类成因的第四系堆积物，其孔隙中赋存大量孔隙水，因其堆积物分布厚度、成因、连续性和所处的地形条件不同而赋水程度不同。大气降水渗入含水层中成为孔隙水，孔隙水部分下渗到基岩中，部分在地形低洼处或接触带上以面状或泉点形式溢出地表。

（二）结晶岩风化裂隙水

结晶岩风化裂隙水分布于黄陵背斜的花岗岩、闪长岩体，发育多组构造裂隙，风化壳厚10～50m，存在大量风化裂隙，大气降水入渗赋存于裂隙及断层中，形成裂隙水。地下水沿裂隙向附近沟谷及低洼处渗流，并以面状或点泉形式排泄。泉水流量一般小于0.5L/s。地下径流模数为7.46L/(s·km^2)。

（三）碎屑岩裂隙孔隙水

由砂岩、泥岩组成的裂隙孔隙含水层，接受大气降水，地下水在岩层的构造裂隙、风化裂隙中以脉状水流形式运动，大多呈无压流流动，地下水在沟谷、地形低洼处或接触带上以片状漫浸或泉水形式流出。泉流量一般较少，常小于1L/s。地下径流模数为6.53L/(s·km^2)。

（四）碳酸盐岩岩溶裂隙水

实习区碳酸盐岩因其岩性差异、岩层结构差异，岩溶化程度差别显著。灯影组、石龙洞组、三游洞组等相对稳定和厚度大的白云岩，白云质灰岩及灰岩，形成裂隙溶洞水，属于强富水性地层。受大气降水补给，地下水在岩体裂隙及岩溶管道中以脉状、管状流形式流动。在一定条件下，形成独立的岩溶系统及补、径、排一体的水文地质单元。地下水在沟谷或地形低洼处、接触带处大多以泉的形式流出。中上奥陶统、陡山沱组地层，由于灰岩与页岩互层，岩溶欠发育，富水性弱。

二、地下水补、径、排条件

实习区主要位于长江以南沿长江近岸坡地段。长江是当地地表及地下水最低一级排泄基准面，长江的次级水系高家溪、茅坪溪、九畹溪、童庄河等是当地次一级的排泄基准面，由长江及其支流构成该区地表水文网。地表水文网在很大程度上控制了本区地下水的补、径、排条件。

（一）地下水补给

实习区补给源主要来自大气降雨。对于某一含水层而言，还有来自相邻含水层的补给。此外，沟渠、水库、池塘也是人工局部补给源。

（二）地下水径流

实习区径流条件复杂，总体上地下水由地形较高处流向河谷，尤其在岩溶泉区的集中排泄，是地下水径流的主要去向。

(三)地下水排泄

在秭归县境内,泉是地下水排泄的天然露头和主要形式。县境内出露大量泉水,流量较大者可达 100L/s,大多每秒几升至每秒几十升不等。在没有集中排泄点的地段,多数情况下,地下水沿河谷岸边分散排入地表水体,成面状或线状渗出,或有小的渗出点,或形成润湿带。

第七节　物理地质现象及工程地质问题

实习区发育的物理地质现象主要是由于岩石风化、岩溶、高陡斜坡、水库蓄水、矿山采掘而引发的水土流失、斜坡失稳、岩溶塌陷、水库地震及"三废"污染等问题。

一、岩石风化及水土流失问题

(一)岩石风化

实习区岩体风化后,残留一定厚度的风化残积土及厚层风化壳。尤其是结晶岩体风化后,形成典型的形貌特征及垂直分带性。

结晶岩体风化分带及特征如下。

1. 剧风化带

风化物质为疏松状态、砂土状及砂砾状碎屑,碎屑大小一般为 2～10mm,大部分矿物严重风化变异,如长石变成高岭土、绢云母及绿泥石或蒙脱石,黑云母水化后变为蛭石或蒙脱石,角闪石被绿泥石化,石英解体失去光泽等。风化层纵波速度为 0.5～1.0km/s,厚度一般为 20～30m。

2. 强风化带

岩体原生结构破坏严重,呈半松散状态,以碎块石体夹坚硬至半坚硬岩石组成,块石含量 20%～70%不等。除碎块石内部外,矿物已严重风化变异,只是程度较剧风化者轻,产生以水云母为主的次生矿物。风化层厚 2～5m,纵波速度为 2.0～3.0km/s。

3. 弱风化带

弱风化带由坚硬、半坚硬岩石夹疏松碎块石组成,岩体整体结构为块状。主要裂隙面产生一定厚度的风化层,从上至下裂隙面风化层厚度从几十厘米到几厘米不等。矿物风化变异较轻,产生以水云母为主的次生矿物。岩体较完整,具有较高强度,纵波速度为 3.1～5.5km/s。相对较均一,透水性明显减弱。

4. 微风化带

微风化带由坚硬岩石组成,仅沿裂隙面有锈黄色风化变色现象,出现少量绢云母,发育 1mm 左右的风化皮,少数风化皮厚达数厘米。纵波速度为 4.6～5.6km/s。

沉积碎屑岩及灰岩风化特征与结晶岩有很大不同,各带矿物变异特征很难辨识,主要表现为岩体解体破碎程度不同而表现不同的结构特征。风化残积物厚度因地形差异而使各处差别很大。

(二)水土流失

实习区风化残留物厚度以及地形、植被不同,水土流失在不同地段有很大差别,出现不同程度的水土流失现象。表现突出者是结晶岩剧风化堆积厚度较大的丘坡地带,在大雨季节许多地段因产生坡面流而形成片状或浅冲沟形式的水土流失现象,平均侵蚀模数为 5 000t/km²。

二、岩溶及有关工程地质问题

(一)岩溶

实习区岩溶现象发育,常见岩溶地貌形态有岩溶谷、峰林、峰丛、洼地、漏斗、溶洞、地下暗河、落水洞、溶蚀槽隙等。

由于碳酸盐岩成分不同,结构构造及地质条件等差异,导致岩溶发育速度及强度差异,因而空间上岩溶发育存在较大差别。从岩性讲,可以概括为以灰岩为主、以白云岩为主和以泥岩为主的 3 种岩溶类型。

1. 以灰岩为主的类型

该类型包括下三叠统、二叠系和下奥陶统,岩性主要有灰岩、白云质灰岩、生物碎屑灰岩等,其成分方解石占 70%～90%。岩溶相对发育,发育溶蚀的峡谷、岩溶洼地、落水洞、溶洞、峰丛、峰林等岩溶地貌形态。地下暗河、大泉多出露于此地层。

2. 以白云岩为主的类型

该类型包括中石炭统,上泥盆统,中、上寒武统及上震旦统等。岩性以白云岩、结晶白云岩和泥质白云岩为主,岩溶发育程度较灰岩差。岩溶形态以密集的溶孔、溶隙为主,个别地方受构造等条件控制,发育小型溶洞。

3. 以泥灰岩为主的类型

该类型包括中三叠统巴东组和中、上奥陶统。岩溶发育最差,岩溶形式以溶隙为主,其他形式少见。

受新构造运动影响,岩溶在剖面上分布呈层状特征,即水平溶洞分布在不同高程上,表现为与现代地壳升降运动相一致的规律性。

区内发育有一定规模的干枯溶洞,有犀牛洞、狮子洞、白岩洞、朝北洞等,洞深 50～2 000m 不等,洞高 3～20m,宽 20m 以上。这些溶洞均发育有石钟乳等,洞内形态奇异多变。有水溶洞、暗河、落水洞共 28 处,主要分布在青干河及九畹溪两条支流上。暗河流量在 0.1～1.0m³/s,个别达 15～24m³/s。

(二)岩溶工程地质问题

实习区内主要岩溶工程地质问题有以下两个。

1. 坑道岩溶突水

当采煤平洞揭穿有水溶洞时,引起突然的涌水现象。

2. 岩溶地面塌陷

由于地下存在岩溶空洞,在地下水等因素作用下,产生地面下沉塌落的现象为岩溶地面塌陷。如秭归扬林区 1975 年 8 月 9 日—17 日因岩溶塌陷产生地震,地震台观测到 1.0~1.9 级地震 6 次,2.0~2.1 级地震 3 次。据群众反映,类似塌陷在 50 年和 30 年以前也发生过。

三、斜坡失稳工程地质问题

实习区因长江等深大河谷发育,加上交通线路开挖,形成了大量的高陡斜坡地貌,加上在特定地段的岩性、构造等条件配合,形成了大量的崩塌、滑坡体。类型有堆积土层崩滑体和基岩崩滑体,有顺层发育的,也有切层发育的,规模有大有小,较大规模者在 12 500 万 m^3 左右。有的处于稳定状态,有的不稳定。三峡库区二期、三期治理工程中,对其中危险性大的滑坡、危岩体及库岸进行了治理。在实习区内主要有中心花园滑坡、金钗湾滑坡、聚集坊崩塌危岩体、凤凰山库岸、狮子包滑坡等治理工程。

第三章 工程实习基础知识

第一节 桥梁工程

一、桥梁的基本组成

概括地说,桥梁由4个基本部分组成,即上部结构(superstructure)、下部结构(substructure)、支座(bearing)和附属设施(accessory)。

图3-1为一座公路桥梁的概貌,现对涉及一般桥梁工程的几个主要名词解释如下。

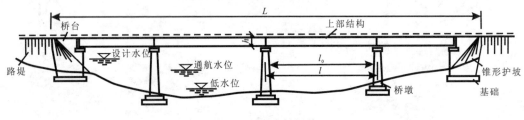

图3-1 梁式桥概貌

上部结构是在线路中断时跨越障碍的主要承重结构,是桥梁支座以上(无铰拱起拱线或刚架主梁底线以上)跨越桥孔的总称。当跨越幅度较大时,上部结构的构造也就越复杂,施工难度也相应增加。

下部结构包括桥墩(pier)、桥台(abutment)和基础(foundation)。

桥墩和桥台是支承上部结构并将其传来的恒载和车辆等活载再传至基础的结构物。通常设置在桥两端的称为桥台,设置在桥中间部分的称为桥墩。桥台除了上述作用外,还与路堤相衔接,并抵御路堤土压力,防止路堤填土的塌落。单孔桥只有两端的桥台,而没有中间桥墩。

桥墩和桥台底部的奠基部分,称为基础。基础承担了从桥墩和桥台传来的全部荷载,这些荷载包括竖向荷载以及地震力、船舶桩基墩身等引起的水平荷载。由于基础往往深埋于水下地基中,在桥梁施工中是难度较大的一个部分,也是确保桥梁安全的关键之一。

支座是设在墩(台)顶,用于支承上部结构的传力装置。它不仅要传递很大的荷载,并且要保证上部结构按设计要求能产生一定的变位。

桥梁的基本附属设施,包括桥面系(bridge decking)、伸缩缝(expansion joint)、桥梁与路堤衔接处搭板(transition slab at bridge head)和锥形护坡(conical slope)等。

河流中的水位是变动的,枯水季节的最低水位称为低水位(low water level),洪峰季节河流中最高水位称为高水位(high water level)。桥梁设计中按规定的设计洪水频率计算所得到的高水位(很多情况下是推算水位),称为设计水位(designed water level)。在各级航道中,能保持船舶正常航行时的水位,称为通航水位(navigable water level)。

二、基本概念

(1)净跨径(clear span)。设支座的桥梁为相邻两墩、台身顶内缘之间的水平净距,不设支座的桥梁为上、下部结构相交处内缘间的水平净距,用 l_0 表示(图3-1)。

(2)总跨径(total span)。是多孔桥梁中各孔净跨径的总和($\sum l_0$),它反映了桥下宣泄洪水的能力。

(3)计算跨径(computed span)。具有支座的桥梁,是指桥垮结构相邻两个支座中心之间的水平距离,不设支座的桥梁(如拱桥、钢构桥等),为上、下部结构的相交面之中心间的水平距离,用 l 表示,桥梁结构的力学计算是以 l 为准的。

(4)标准跨径(standard span)用 L_k 表示。梁式桥、板式桥,是指两相邻桥墩中线之间的距离,或桥墩中心线至桥台台背前缘之间的距离;拱桥和涵洞,则是以净跨径为准。

(5)桥长即桥梁全长(total length of bridge)。有桥台的桥梁为两端两个桥台的侧墙或耳墙后端点之间的距离;无桥台的桥梁为桥面系行车道长度,用 L 表示。

(6)桥梁的建筑高度(construction height of bridge)。是上部结构底缘至桥面顶面的垂直距离。线路定线中所确定的桥面高程,与通航(或桥下通车、人)净空界限顶部高程之差,称为容许建筑高度(allowable construction height)。显然,桥梁建筑高度不得大于容许建筑高度。为控制桥梁建筑高度,可以通过在桥面以上布置结构(如斜拉桥、悬索桥、中、下承式拱桥等)的方式加以解决。

(7)桥面净空(clearance above bridge floor)。是桥梁行车道、人行道上方应保持的空间界限,公路、铁路和城市桥梁对桥面净空都有相应的规定。

我国《公路桥涵设计通用规范》(JTG D60—2004)规定了特大、大、中、小桥按总长和单孔跨径的划分,见表3-1。

表3-1 桥梁按总长 L 和标准跨径 L_k 分类

桥涵分类	多孔跨径总长 L(m)	单孔跨径 L_k(m)
特大桥	$L>1\,000$	$L_k>150$
大 桥	$100 \leqslant L \leqslant 1\,000$	$40 \leqslant L_k \leqslant 150$
中 桥	$30<L<100$	$20 \leqslant L_k<40$
小 桥	$8 \leqslant L \leqslant 30$	$5 \leqslant L_k<20$
涵 洞	——	$L_k<5$

三、桥梁的分类

(1)桥梁按受力体系分类,可分为梁式桥(beam bridge)、拱式桥(arch bridge)、悬索桥(suspension bridge)、组合体系桥[包括刚构桥(rigid frame bridge)、斜拉桥(cable stayed bridge)等]。

(2)按用途来划分,有公路桥(highway bridge)、铁路桥(railway bridge)、公铁两用桥(highway and railway transit bridge)、农桥(rural bridge)或机耕道桥、人行桥(foot bridge)、水运桥(aqueduct bridge)或渡槽、管线桥(pipeline bridge)等。

(3)按桥梁全长和跨径的不同,分为特大桥(super major bridge)、大桥(major bridge)、中桥(medium bridge)、小桥(small bridge)和涵洞(culvert)。

(4)按主要承重结构所用的材料划分,有圬工桥(masonry bridge,包括砖、石、混凝土桥)、钢筋混凝土桥(reinforced concrete bridge)、预应力混凝土桥(prestressed concrete bridge)、钢桥(steel bridge)、钢-混凝土组合桥(steel-concrete composite bridge)和木桥(timber bridge)等。木材易腐,且资源有限,一般不用于永久性桥梁。

(5)按跨越障碍的性质,可分为跨河桥(river bridge)、跨海桥(sea-crossing bridge)、跨线桥(overpass bridge)、立交桥(interchange)、高架桥(viaduct)和栈桥(trestle)。

(6)按桥跨结构的平面布置,可分为正交桥(right bridge)、斜交桥(skew bridge)和弯桥(curved bridge)。

(7)按上部结构的行车位置划分,分为上承式桥(deck bridge)、下承式桥(through bridge)和中承式桥(half-through bridge)。

(8)按照桥梁的可移动性,可分为固定桥(fixed bridge)和活动桥(movable bridge),活动桥包括开启桥(bascule bridge)、升降桥(lift bridge)、旋转桥(swing bridge)和浮桥(floating bridge)等。

四、梁式桥

梁式桥是一种在竖向荷载作用下无水平反力的结构[图3-2(a)、(b)],由于外力(恒载和活载)的作用方向与承重结构的轴线接近垂直,因而与同样跨径的其他结构体系相比,梁桥内产生的弯矩最大,通常需要抗弯、抗拉能力强的材料(钢、配筋混凝土、钢-混凝土组合结构等)来建造。对于中、小跨径桥梁,目前在公路上应用最广的是标准跨径的钢筋混凝土简支梁桥,施工方法有预制装配和现浇两种。这种梁桥的结构简单,施工方便,简支梁对地基承载力的要求也不高,其常用跨径在25m以下,当跨径较大时,需采用预应力混凝土简支梁桥,但跨度一般不超过50m。为了改善受力条件和使用性能,地质条件较好时,中、小跨径梁桥均可修建连续梁桥,如图3-2(c)所示,对于很大跨径的大桥和特大桥,可采用预应力混凝土梁桥、钢桥和钢-混凝土组合梁桥,如图3-2(d)、(e)所示。

(一)钢筋混凝土和预应力混凝土梁式桥的一般特点

1. 钢筋混凝土梁桥的一般特点

钢筋混凝土梁式桥的优点:采用抗压性能好的混凝土和抗拉能力强的钢筋结合在一起建

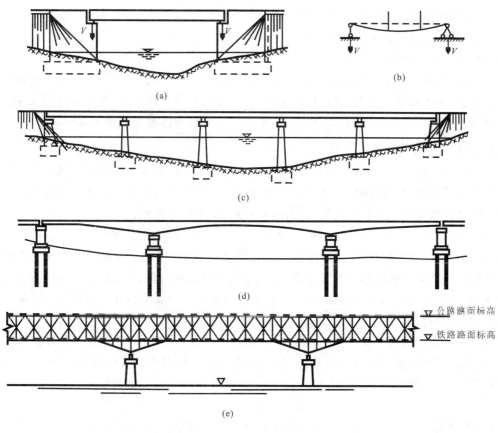

图 3-2 梁式桥

成的,就地取材、工业化施工、耐久性好、适应性强、整体性好、美观。缺点:结构自重大,大大限制了钢筋混凝土梁式桥的跨越能力,如就地现浇,则工期长、耗费模板。一般适用于中、小跨径桥梁。钢筋混凝土简支梁桥的最大跨径约为 20m。悬臂梁桥与连续梁桥的最大跨径为 60~70m。

2. 预应力混凝土梁桥的一般特点

预应力混凝土可看作是一种预先储存了足够压应力的新型混凝土材料。预应力混凝土梁式桥的优点:①能有效利用高强度材料(高强混凝土、高强钢材),减小构件截面,减轻自重,增大跨越能力;②节省钢材;③减小建筑高度,使大跨度桥梁做得轻巧美观,能消除或延缓裂缝产生,提高耐久性;④可在纵向、横向、竖向施加预应力,使装配式结构集整成理想整体,提高运营质量。当然,它也需要高强度材料、预应力张拉设备(锚具)和较复杂施工工艺。目前,预应力混凝土简支梁桥的跨径已达到 50~60m,悬臂梁、连续梁的最大跨径已接近 250m。

(二)梁式桥的主要类型

1. 按承重结构的截面型式划分

(1)板桥。承重结构为钢筋混凝土板或预应力混凝土板。其特点是结构简单,施工方便,但跨越能力小。一般适用于10m以下的小跨径桥梁。

(2)肋板式梁桥(T梁桥)。承重结构为T梁——梁肋(腹板)与顶板(顶部钢筋混凝土桥面板)相结合。参与受拉区混凝土得到很大程度的挖空,减轻自重,所以跨越能力增大。目前,中等跨径(13～15m)的梁桥,通常多采用肋板式梁桥。

(3)箱形梁桥。承重结构为箱梁。其受力特点是既提供了能承受正、负弯矩的足够的混凝土受压区,同时抗弯抗扭能力也特别大。适用于较大跨径的悬臂梁桥、连续梁桥(正负弯矩)和预应力混凝土简支梁桥(全截面参与受力),不适用于普通钢筋混凝土简支梁桥。

2. 按承重结构的静力体系划分

(1)简支梁桥。以孔为单元,相邻桥孔各自单独受力,属静定结构,适用于中、小跨度。它的优点是结构简单,架设方便,可降低造价,缩短工期,同时最易设计成各种标准跨径的装配式构件。但相邻两跨之间存在异向转角,路面有折角,影响行车平顺。

(2)悬臂梁桥。又称伸臂梁桥,是将简支梁向一端或两端悬伸出短臂的桥梁。这种桥梁有单悬臂梁桥或双悬臂梁桥。悬臂梁桥往往在短臂上搁置简支的挂梁,相互衔接构成多跨悬臂梁。有短臂和挂梁的桥孔称为悬臂孔或挂孔,支持短臂的桥孔称为锚固孔。悬臂梁桥的每个挂孔两端为桥面接缝,悬臂端的挠度较大,行车条件并不比简支梁桥有所改善。悬臂梁一片主梁的长度较同跨简支梁为长,施工安装上相应要困难些。目前对预应力混凝土悬臂梁桥多采用悬臂拼装或悬臂浇筑的方法施工。为适应悬臂施工法的发展,保证主梁的内力状态和施工时一样,出现了一种没有锚固孔的梁桥,并把悬伸的短臂和墩身直接固结在立面上,形成"T"形刚构桥,若采用预应力混凝土结构,可极大地提高其跨越能力。这种桥是在20世纪50年代后发展起来的。

(3)连续梁桥。是主梁连续支承在几个桥墩上。在荷载作用时,主梁的不同截面上有的有正弯矩,有的有负弯矩,而弯矩的绝对值均较同跨径桥的简支梁小。这样,可节省主梁材料用量。连续梁桥通常是将3～5孔做成一联,在一联内没有桥面接缝,行车较为顺适。连续梁桥施工时,可以先将主梁逐孔架设成简支梁后互相连接成为连续梁,或者从墩台上逐段悬伸加长最后连接成为连续梁。近一二十年,在架设预应力混凝土连续梁时,成功地采用了顶推法施工,即在桥梁一端(或两端)路堤上逐段连续制作梁体,逐段顶向桥孔,使施工较为方便。连续梁桥主梁内有正弯矩和负弯矩,构造比较复杂。此外,连续梁桥的主梁是超静定结构,墩台的不均匀沉降会引起梁体各孔内力发生变化。因此,连续梁一般用于地基条件较好、跨径较大的桥梁上。1966年建成的美国亚斯托利亚桥,是目前跨径最大的钢桁架连续梁桥,它的跨径为376m。

3. 按承重结构的材料划分

按承重结构的材料划分有木梁桥、石梁桥、钢梁桥、钢筋混凝土梁桥、预应力混凝土梁桥以及用钢筋混凝土桥面板和钢梁构成的结合梁桥等。木梁桥和石梁桥只用于小桥,钢筋混凝土梁桥用于中、小桥,钢梁桥和预应力混凝土梁桥可用于大、中桥。

(三)桥面构造

典型的装配式预应力混凝土简支梁桥上部构造包括:①主梁(纵梁)——主要承重结构;②横隔梁(横梁)——保证活载的横向分布;③行车道板——由纵梁翼缘构成行车平面;④桥面

部分——桥面铺装＋桥面排水设施＋伸缩缝＋人行道和栏杆；⑤支座；等等。

由于桥面部分多属外露部位(除花桥、廊桥)，直接与行人、车辆、大气接触，所以其构造合理性、施工质量、养护质量直接影响到桥梁的使用功能，应引起注意。

1. 桥面铺装

桥面铺装为桥面中最上层的部分，其作用是保护桥梁主体结构，承受车轮直接磨损，防止主梁遭受雨水侵蚀，并对车辆集中荷载起一定的分布作用。所以，桥面铺装应有一定强度，防止开裂，耐磨损。桥面铺装的类型有以下3种。

(1)普通水泥混凝土、沥青混凝土铺装。适用于非严寒地区小跨径桥，通常不做专门的防水层，而直接在桥面上铺普通水泥混凝土、沥青混凝土铺装层。

(2)防水混凝土铺装。适用于防水程度要求不高时，可在桥面板上铺筑8~10cm厚的防水混凝土作为铺装层，其上铺2cm厚沥青表面处治作为磨耗层。

(3)具有贴式防水层的水泥混凝土或沥青混凝土铺装。当防水程度要求高时，采用贴式防水层。结构层自下而上分别为贫混凝土排水三角垫层、贴式防水层(三油两毡1~2cm)、20号混凝土保护层4cm、沥青混凝土或水泥混凝土铺装5cm。

2. 桥面排水设施

桥面积水的危害表现在：不利于行车安全，也给行人带来不便，还会给钢筋混凝土结构带来损害。钢筋混凝土结构不宜经受时而湿润时而干晒的交替作用。水分侵蚀钢筋会使它锈蚀，如果水分因严寒而结冰还会导致混凝土发生破坏。所以，为防止雨水滞积于桥面并渗入梁体而影响桥梁耐久性，除在桥面铺装内设置防水层外，还应使桥上的雨水迅速引导而排出桥外。

1)设置横坡

桥面铺装沿横向应设置足够的桥面横坡，坡度可按路面横坡取用或比后者大0.5%。行车道路面采用抛物线型横坡，人行道则用直线型的单面坡。

2)设置纵坡

桥梁纵向一般设置双向纵坡，桥中心设竖曲线。除利于排水外，还可在满足桥下通航净空要求的前提下，降低墩台标高，减少桥头引道土石方量，节省投资。

3)设置桥面排水设施

(1)横向排水孔道。适用于跨径不大、不设人行道的小桥。可直接在行车道两侧安全带或缘石上预留横向孔，并用铁管、竹管将水排出桥外。其构造简单，但容易堵塞。

(2)钢筋混凝土泄水管。适用于采用防水混凝土铺装的桥梁。可沿行车道两侧左右对称排列，也可交替排列。离缘石的距离为20~50cm。

(3)金属泄水管。适用于具有贴式防水层铺装结构的桥梁。泄水管布置在人行道下面，为此，需要在人行道块件(缘石部分)上流出横向进水孔，并在泄水管周围(三面)设置相应的聚水槽。

3. 桥面伸缩缝

桥面伸缩缝的作用：为保证桥跨结构在气温变化、活载作用、混凝土收缩与徐变等影响下能自由变形，需要使桥面在两梁端之间以及梁端与桥台背墙之间设置横向伸缩缝，如图版Ⅰ-1所示。要求伸缩缝能保证梁自由变形，车辆平顺通过，防止雨水、垃圾堵塞，减少噪音。特别要注意,伸缩缝附近的栏杆要断开,使其能相应地自由变形。

(1)条形橡胶伸缩缝。条形橡胶伸缩装置是我国 20 世纪 70 年代在小跨度公路桥上常用的一种伸缩装置。它主要是利用夹在伸缩缝中的条形橡胶的弹性来达到伸缩的目的。这种伸缩装置的主要缺点是伸缩量小,只有 20mm 左右,寿命短,橡胶老化后更换不便,现已很少采用(图 3-3,图中 c 表示预留伸缩缝宽度)。

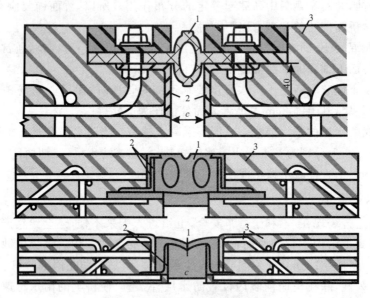

图 3-3　条形橡胶伸缩缝装置
1. 橡胶;2. 角钢;3. 混凝土

(2)梳形钢板伸缩缝。梳形钢板伸缩装置是由分别连接在相邻两个梁端的梳形钢板交错咬合而成,并利用梳齿的张合来满足桥面伸缩要求。它的特点是构造简单,伸缩自如,伸缩量大;缺点是不防水,梁端转角会在齿端形成折角,路面不平,高速行车时引起车辆跳动(图版Ⅰ-2)。

(3)板式橡胶伸缩缝。板式橡胶伸缩装置是我国 20 世纪 80 年代以来用得较多的一种伸缩装置(图版Ⅰ-3)。它是利用橡胶板的弹性和表面做成的伸缩槽来达到伸缩的目的,并在橡胶板中设置钢板以加强橡胶的承载能力,伸缩量可达到 60mm。构造简单,价格便宜,但安装较困难,伸缩变形时阻力较大,使用时有时出现橡胶板脱落事故。

(4)模数式伸缩缝。钢与橡胶组合的模数式伸缩装置伸缩量大、结构较为复杂,但功能比较完善,是通行高速公路的桥梁上主要使用的一种伸缩装置(图版Ⅰ-4)。它是由异型钢与橡胶条组成的犹如手风琴式的伸缩体,每个伸缩体的伸缩量为 60～100mm。视中梁根数不同,可以组合成宽度为 60/80/100mm 倍数的各种伸缩缝。

五、拱桥

拱桥是我国公路上使用较广泛的一种桥型。拱桥的主要承重结构是拱圈或拱肋(拱圈横截面设计成分离形式时称为拱肋)。拱结构在竖向荷载作用下,桥墩和桥台将承受水平推力,同时,根据作用力和反作用力原理,墩台向拱圈(或拱肋)提供一对水平反力,这种水平反力使拱内产生轴向压力,从而大大减小了拱圈的截面弯矩,使之成为偏心受压构件,截面上的应力分布与受弯梁的应力相比,较为均匀。因此,可以充分利用主拱截面材料强度,使跨越能力增大。

拱桥的主要优点是:①跨越能力较大;②能充分就地取材,与混凝土梁式桥相比,可以节省大量的钢材和水泥;③耐久性能好,维修、养护费用少;④外形美观;⑤构造较简单。

但拱桥也有缺点,主要是:①自重较大,相应的水平推力也较大,增加了下部结构的工程量,当采用无铰拱时,对地基条件要求高;②由于拱桥水平推力较大,在连续多孔的大、中桥梁中,为防止一孔破坏而影响全桥的安全,需要采用较复杂的措施,例如设置单向推力墩,但会增加造价;③与梁式桥相比,上承式拱桥的建筑高度较高,当用于城市立交及平原地区时,因桥面高程提高,使两岸接线长度增长,或者使桥面纵坡增加,既增加了造价又不利于行车。

(一)拱桥的主要组成

拱桥的上部结构和下部结构主要组成部分的名称如图 3-4 所示。

拱桥上部结构由主拱圈和拱上建筑组成。主拱圈是拱桥的主要承重结构。桥面与主拱圈之间需要有传力的构件或填充物,以使车辆能在平顺的桥道上行驶。桥面系和这些传力构件或填充物统称为拱上建筑。

拱桥的下部结构由桥墩、桥台及基础等组成,用以支承桥跨结构,将桥跨结构的荷载传至地基。桥台还起到与两岸路堤相连接的作用,使路桥形成一个协调的整体。

拱圈最高处称为拱顶,拱圈和墩台连接处称为拱脚(或起拱面)。拱圈各横向截面(换算截面)的形心连线称为拱轴线。拱圈的上曲面称为拱背,下曲面称为拱腹。起拱面与拱腹相交的直线称为起拱线。

拱桥的几个主要技术名称如下。

净跨径(l_0)——每孔拱跨两个起拱线之间的水平距离。

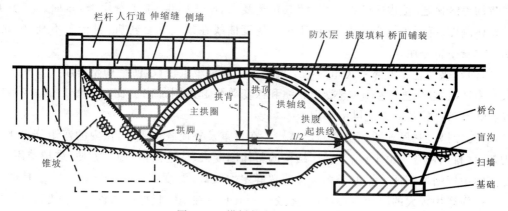

图 3-4 拱桥的主要组成部分

计算跨径(l)——相邻两拱脚截面形心点之间的水平距离。因为拱圈(或拱肋)各截面形心点的连线称为拱轴线,故也就是拱轴线两端点之间的水平距离。

净矢高（f_0）——拱顶截面下缘至起拱线连线的垂直距离。

计算矢高（f）——拱顶截面形心至相邻两拱脚截面形心之连线的垂直距离。

矢跨比（D 或 D_0）——拱圈（或拱肋）的净矢高与净跨径之比，或计算矢高与计算跨径之比，即 $D_0=\dfrac{f_0}{l_0}$ 或 $D=\dfrac{f}{l}$。一般将矢跨比大于或等于 $\dfrac{1}{5}$ 的拱称为陡拱，矢跨比小于 $\dfrac{1}{5}$ 的拱称为坦拱。

（二）拱桥的主要类型

拱桥的形式可以按照以下几种不同的方式进行分类。

- 按照主拱圈所使用的建筑材料可以分为圬工拱桥、钢筋混凝土拱桥、钢拱桥和钢-混凝土组合拱桥等。
- 按照拱上建筑的形式可以分为实腹式拱桥和空腹式拱桥。
- 按照主拱圈线形可分为圆弧线拱桥、抛物线拱桥和悬链线拱桥。
- 按照桥面的位置可分为上承式拱桥、中承式拱桥和下承式拱桥。
- 按照有无水平推力可分为有推力拱桥和无推力拱桥。
- 按照结构受力图式可分为简单体系拱桥、组合体系拱桥和拱片桥。
- 按照拱圈截面形式可分为板拱桥、板肋拱桥、肋拱桥、双曲拱桥、箱形拱桥、钢管混凝土拱桥、劲性骨架混凝土拱桥。

1. 按照结构受力图式分类

1）简单体系拱桥

其均为有推力拱，可以做成上承式、中承式和下承式。

按照主拱的静力体系，简单体系拱桥又可以分为如下 3 种。

(1) 三铰拱。它属外部静定结构。由温度变化、混凝土收缩徐变、支座沉陷等因素引起的变形不会对它产生附加内力，故计算时无需考虑体系变形对内力的影响。它适合于在地基条件很差的地区修建，但由于铰的存在，使其构造复杂、施工困难、维护费用增高，而且减小了结构的整体刚度，降低了抗震能力，又由于拱的挠度曲线在顶铰处有转折，对行车不利，因此，三铰拱一般较少被采用。

(2) 两铰拱。它属外部一次超静定结构。由于取消了拱顶铰，使结构整体刚度较相应三铰拱大。由基础位移、温度变化、混凝土收缩和徐变等引起的附加内力比对无铰拱的影响要小，故可在地基条件较差时或坦拱中采用。

(3) 无铰拱。它属外部三次超静定结构。在自重及外荷载作用下，拱内的弯矩分布比两铰拱均匀，材料用量省。由于没有设铰，结构的整体刚度大、构造简单、施工方便、维护费用少，因此在实际中使用最广泛。但由于无铰拱的超静定次数高，温度变化、收缩徐变，特别是墩台位移会在拱内产生较大的附加内力，所以无铰拱一般修建在地基良好的条件下，这使它的使用范围受到一定的限制。

2. 组合体系拱桥

拱式组合体系桥一般由拱肋、系杆、吊杆（或立柱）、行车道梁（板）及桥面系等组成。拱式组合体系桥将梁和拱两种基本结构组合起来，共同承受桥面荷载和水平推力，充分发挥梁受弯、拱受压的结构特性及其组合作用,达到节省材料的目的。组合体系拱桥一般可以分为以下几种类型。

(1)梁拱组合体系桥。梁拱组合体系桥是出现得最早也是应用得最多的组合体系拱桥,主要分为4类:简支梁拱组合体系桥、连续梁拱组合体系桥、悬臂梁拱组合体系桥和桁式梁拱组合体系桥。简支梁拱组合体系桥只用于下承式,属外部静定结构。这种结构的力学图式常被称为刚拱刚梁,拱主要承担轴压力,系梁主要承受轴拉力。

连续梁拱组合体系桥,拱的水平推力与梁的轴向拉力相互作用,拱与梁截面的总弯矩等效主要有拱压、梁拉的受力形式,剪力则主要成为拱压力的竖向分力。

悬臂梁拱组合体系桥在恒载作用阶段是系杆拱,因而在大跨径桥梁自重产生的内力占较大比重的情况下,悬臂梁拱组合体系桥能达到自重轻、用料省的目的。

桁式梁拱组合体系桥将桁架拱桥拱脚部位的上、下弦均与墩台固结,并在跨径中部的适当位置把上弦断开,下弦仍保持连续,形成梁拱组合体系。通过断开位置的合理选择,使全桥受力均匀。

2005年完工的拉萨河特大桥(图版Ⅱ-1)是青藏铁路上的标志性工程,横跨拉萨河上,距拉萨火车站约2km,距拉萨市中心约5km。该桥总长940.85m,主跨108m,主桥采用五跨三拱连续梁钢管混凝土拱组合结构,主梁横截面采用双主纵梁形式,引桥采用预应力混凝土连续箱梁形式。工程建设中,针对独特的高原自然环境,钢结构采用了柔性氟碳漆防护体系,结构混凝土采用高原耐久性混凝土,采用了有机硅表面防护体系,特别是在高原地区采取连续性钢管混凝土拱组合体系。2008年1月,青藏铁路拉萨站房工程、拉萨河特大桥工程双双获得中国建筑工程最高奖——鲁班奖(国家优质工程),一起载入了中国建筑业发展的史册。

(2)刚构拱组合体系桥。刚构拱组合体系桥由于结构受力和桥梁美学上的优势,近年来逐渐得到采用,主要分为两类:连续刚构拱组合体系桥、斜腿刚构拱组合体系桥。连续刚构拱组合体系桥,从结构受力来看,梁体自重主要由梁承担,二期恒载和活载由梁、拱共同承担,各自受力的大小受梁、拱刚度和柔性吊杆面积大小的影响。荷载在梁、拱中产生的内力大部分转变为它们所形成自平衡体系的相互作用力。拱的水平推力与梁的轴向拉力相互作用,梁拱截面的总弯矩效应主要表现为拱受压、梁受拉,跨中剪力主要由拱压力的竖向分力平衡。大部分外部永久荷载不产生对桥墩的水平推力,其结构性能已不同于一般的梁拱组合体系桥,经济技术指标优良,外形美观,结构轻巧。

在建及已建成的桥梁中,重庆菜园坝长江大桥主桥采用"Y"形刚构钢箱提篮拱组合体系,广州新光大桥主桥采用三角形刚构钢桁拱组合体系,广珠城际快速轨道交通小榄大桥则采用预应力混凝土"V"形刚构拱组合体系。

广州新光大桥(图版Ⅱ-2)主桥采用钢桁拱和预应力混凝土刚构组合体系。桥梁的主跨桥面纵横梁采用钢结构,系杆采用钢绞线拉索;边跨系杆和桥面横梁采用预应力混凝土结构,主跨、边跨桥面板和边跨桥面纵梁采用钢筋混凝土结构。

(3)斜拉拱组合体系桥。斜拉拱组合体系桥按斜拉索作用的位置,可分为斜拉索作用在桥面上和斜拉索作用在拱肋上两种形式,前者如马来西亚的普特拉贾亚桥,后者如湘潭湘江四桥。

斜拉拱桥充分发挥了斜拉桥与拱桥的索拱相互作用,既提高了结构的跨越能力,又提高了结构的刚度和稳定性。斜拉索同时是拱肋安装过程中的扣索,桥塔可作为施工吊、扣临时塔架。研究结果表明,该组合桥式结构具有良好的受力性能与合理的经济技术指标,造型新颖美观,具有丰富的桥梁景观效应。

湘潭湘江四桥(图版Ⅱ-3)全长约1 345m,其中主桥长640m,为120m+400m+120m斜拉飞燕式钢管混凝土拱桥。大桥主拱采用中承式双肋无铰平行拱,拱肋中心距为34m,计算跨径为388m,拱肋矢跨比为1/5.19,拱肋轴线理论矢高为74.7m,折线起拱。设计上采用以拱结构受力为主,辅以斜拉索受力的组合结构体系,这种结构形式的钢管拱在国内为首创。

(4)悬索拱组合体系桥。悬索拱组合体系桥根据吊杆作用的位置,可分为吊杆作用在桥面上与吊杆作用在拱肋上两种形式,前者如无锡五里湖大桥,后者如日本设计的一座主跨200m的钢管人行悬拱桥。

通常悬索桥的主梁仅仅是由吊杆悬挂,在纵桥向并不固定,主梁一般要采用加劲梁的形式以弥补主梁刚度的不足;另一方面,普通拱桥的拱肋通常都要承受较大的压力和弯矩。而悬索桥与拱桥的组合体系结构,集中了两者的优点,很好地解决了上述问题。

无锡五里湖大桥主桥(图版Ⅱ-4)为上承式梁拱和斜塔悬索组合结构,跨径组合为35m+80m+35m,全长150m,桥宽33m。主拱跨径为80m,矢高12.5m,矢跨比1/6.4,拱轴线为悬链线。钢筋混凝土箱形拱圈宽27~23.8m,高1.5m。

2. 按主拱圈截面形式分类

拱桥的主拱圈,沿拱轴线可以做成等截面或变截面的形式。

主拱圈所使用的建筑材料主要有圬工、钢筋混凝土、钢材和钢-混凝土组合结构等。根据材料的特性,圬工拱桥主要用于跨径小,并且能就地取材的情况,目前使用较少。钢拱桥主要用于大跨径,从已建拱桥看,我国大部分拱桥都采用钢筋混凝土结构。随着设计理论和施工工艺的完善,钢筋混凝土拱桥目前已是最具有竞争力的桥型之一。钢-混凝土组合结构是近十几年发展起来的,主要有钢管混凝土拱桥和劲性骨架混凝土拱桥两种,下面分别做简要介绍。

1)板拱桥

主拱圈采用矩形实体截面的拱桥称为板拱桥。它的构造简单、施工方便,但在相同截面面积的条件下,实体矩形截面比其他形式截面的抵抗矩小。通常只在地基条件较好的中、小跨径圬工拱桥中才采用这种形式。

如果在较薄的拱板上增加几条纵向肋,以提高拱圈的抗弯刚度,就构成板拱的另外一种形式即板肋拱,它的拱圈截面由板和肋组成。

2)混凝土肋拱桥

肋拱桥是在板拱桥的基础上发展形成的,它是将板拱划分成两条或多条分离的、高度较大的拱肋,肋与肋间用横系梁相连。这样就可以用较小的截面面积获得较大的截面抵抗矩,从而节省材料,减轻拱桥的自重,因此多用于大、中跨径的拱桥。

3)双曲拱桥

其主拱圈横截面由一个或数个横向小拱单元组成,由于主拱圈的纵向及横向均呈曲线形,故称之为双曲拱桥。这种截面抵抗矩较相同材料用量的板拱大,故可节省材料。施工中可采用预制拼装,较之板拱有较大的优越性,但存在着施工工序多、组合截面整体性较差和易开裂等缺点,一般用于中、小跨径拱桥。

4)箱形拱桥

这类拱桥外形与板拱相似,由于截面挖空,使箱形拱的截面抵抗矩较相同材料用量的板拱大很多,所以能节省材料,减轻自重,相应地也减少下部结构材料用量,对于大跨径拱桥则效果更为显著。又因为它是闭口箱形截面,截面抗扭刚度大,横向整体性和结构稳定性均较双曲拱好,故特别适用于无支架施工。但箱形截面施工制作较复杂,因此,大跨径拱桥采用箱形截面才是合适的。

5)钢管混凝土拱桥

钢管混凝土(Concrete Filled Steel Tube,简称为CFST),属于钢-混凝土组合结构中的一种,主要用于以受压为主的结构。它一方面借助内填混凝土增强管壁的稳定性,同时又利用钢管对核心混凝土的套箍作用,使核心混凝土处于三向受压状态,从而使其具有更高的抗压强度和抗变形能力。此外,钢管混凝土拱桥尚具有以下几个方面的优点。

(1)总体性能方面。由于钢管混凝土承载能力大,正常使用状态是以应力控制设计,外表不存在混凝土裂缝问题,因而可以使主拱圈截面及其宽度相对减小,这样便可以减小桥面上承重结构所占的宽度,提高了中、下承式拱的桥面宽度的使用效率。

(2)施工方面。钢管本身相当于混凝土的外模板,具有强度高、质量轻、易于吊装或转体的特点,可以先将空管拱肋合拢,再压注管内混凝土,从而大大降低了大跨径拱桥施工的难度,省去了支模、拆模等工序,并可适应先进的泵送混凝土工艺。

与所有材料一样,钢管混凝土材料也有它自身的缺点。对于管壁外露的钢管混凝土,在阳光照射下,钢管膨胀,容易造成钢管与内填混凝土之间出现脱空现象。另外,由于施工中钢管先于管内混凝土受力,往往造成钢管应力偏高而混凝土不能发挥应有的作用,这些问题都是需要解决的。

6)劲性骨架混凝土拱桥

劲性骨架混凝土拱桥与普通钢筋混凝土拱桥的区别在于前者以钢骨拱桁架作为受力筋,它可以是型钢,也可以是钢管。采用钢骨作劲性骨架的混凝土拱又可称为内填外包型钢管混凝土拱,主要用在大跨度的拱桥中,同时也解决了大跨度拱桥施工的"自架设问题",即首先架设自重轻,刚度、强度均较大的钢管骨架,然后在空钢管内压注混凝土形成钢管混凝土,使骨架进一步硬化,再在钢管混凝土骨架上外挂模板浇筑外包混凝土,形成钢筋混凝土结构。在这种结构中,钢管和随后形成的钢管混凝土主要是作为施工的劲性骨架来考虑的。成桥后,它也可以参与受力,但其用量通常是由施工设计控制。目前,世界最大跨径的钢筋混凝土拱桥——万县长江大桥即为用钢管作劲性骨架的拱桥。劲性骨架混凝土拱桥跨越能力大、超载潜力大、施工方便,是一种极具发展潜力的拱桥结构形式。

(三)拱桥实例

1. 赵州桥

赵州桥又称安济桥,在河北省省会石家庄东南约40多千米的赵县城南2.6km处,它横跨洨水南、北两岸,建于隋朝大业元年至十一年(公元605—616年),由匠师李春监造,距今已有1 400年的历史(图版Ⅱ-5)。因桥体全部用石料建成,俗称"大石桥"。

该桥是一座空腹式的圆弧形石拱桥,是世界上现存最早、保存最好的巨大石拱桥。赵州桥是入选世界纪录协会最早的敞肩石拱桥,创造了世界之最。河北民间将赵州桥与沧州铁狮子、定州开元寺塔、正定隆兴寺菩萨像并称为"华北四宝"。

该桥长50.82m,跨径37.02m,拱高7.23m,两端宽9.6m,在拱圈两肩各设有两个跨度不等的小拱,即敞肩拱,这是世界造桥史的一个创造(没有小拱的称为满肩或实肩型),使其比实肩拱显得空秀灵丽，既能减轻桥身自重、节省材料，又便于排洪、增加美观。赵州桥的设计构思和工艺的精巧，不仅在我国古桥是首屈一指，据世界桥梁的考证，像这样的敞肩拱桥，欧洲到19世纪中期才出现，比我国晚了1 200多年。唐朝的张鷟说，远望这座桥就像"初月出云，长虹饮涧"。

赵州桥的基础非常坚固，选址科学合理。1 400年来，两边桥基下沉水平只差5cm。赵州桥桥基，建筑在清水河河床的白粗沙层上，既没有打桩，也没有其他石料。桥台仅用5层石料砌成，桥基很牢，结构简单。

赵州桥的拱用于跨度比较小的桥梁比较合适，一是因为大跨度的桥梁选用半圆形拱，会使拱顶很高，造成桥高坡陡，使车马行人过桥非常不便；二是施工不利，半圆形拱石砌石用的脚手架变得很高，增加施工的危险性。为此，李春和工匠们一起创造性地采用了圆弧拱形式，使石拱高度大大降低。赵州桥的主孔净跨度为37.02m，而拱高只有7.23m，拱高和跨度之比为1∶5左右，这样就实现了低桥面和大跨度的双重目的，桥面过渡平稳，车辆行人过往非常方便，而且还具有用料省、施工方便等优点。当然圆弧形拱对两端桥基的推力相应增大，需要对桥基的施工提出更高的要求。

赵州桥的敞肩拱是李春对拱肩进行的重大改进，把以往桥梁建筑中采用的实肩拱改为敞肩拱，即在大拱两端各设两个小拱，靠近大拱脚的小拱净跨为3.8m，另一拱的净跨为2.8m。这种大拱加小拱的敞肩拱具有优异的技术性能。

第一，可以增加泄洪能力，减轻拱在洪水季节由于水量增加而产生洪水对桥的冲击力。古代佼河每逢汛期，水势较大，对桥的泄洪能力是个考验，而4个小拱就可以分担部分洪流。据计算4个小拱增加过水面积16%左右，大大降低了洪水对该桥的影响，提高了赵州桥的安全性。

第二，敞肩拱比实肩拱可节省大量土石材料，减轻桥身的自重。据计算，4个小拱可以节省石料26m³，减轻自身重量700t，从而减少桥身对桥台和桥基的垂直压力和水平推力，增加了桥梁的稳固性。

第三，增加了造型的优美。4个小拱均衡对称，大拱与小拱构成一幅完整的图画，显得更加轻巧秀丽，体现出建筑和艺术的完整统一。

第四，符合结构力学理论。敞肩拱式结构在承载时使桥梁处于有利的状况，可减少主拱圈的变形，提高桥梁的承载力和稳定性。

就中国古代的传统建筑方法而言，一般较长的桥梁往往采用多孔形式，这样每孔的跨度小、坡度平缓，便于修建。但是多孔桥也有缺点，如桥墩多，既不利于舟船航行，也妨碍洪水宣泄；桥墩长期受水流冲击、侵蚀，天长日久容易塌毁。因此，李春在设计该桥的时候，采取了单孔长跨的形式，河心不立桥墩，使石拱跨径长达37m之多。这是中国桥梁史上的空前创举。

2. 卢沟桥

卢沟桥在北京市西南约15km处丰台区永定河上，因横跨卢沟河（即永定河）而得名，是北京市现存最古老的石造联拱桥，修建于公元1189至公元1192年间。卢沟桥全长266.5m，宽7.5m，最宽处可达9.3m。有桥墩10座，共11个桥孔，整个桥身都是石体结构，关键部位均有银锭铁榫连接，为华北最长的古代石桥（图版Ⅱ-6）。每两个石拱之间有石砌桥墩，把11个石拱连成一个整体。由于各拱相连，所以这种桥叫作联拱石桥。桥面用石板铺砌，两旁有石栏石柱。每个柱头上都雕刻着不同姿态的狮子。这些石刻狮子，有的母子相抱，有的交头接耳，有的像在倾听水声，千态万状，惟妙惟肖。意大利人马可·波罗来过中国，说卢沟桥"是世界上独一无二的",并且特别欣赏桥栏柱上刻的狮子,说它们"共同构成美丽的奇观"。

3. 朝天门长江大桥

朝天门长江大桥位于重庆市主城区内,朝天门下游约 1.71km 处,横跨长江,于 2009 年 4 月 29 日正式通车。主桥上部结构设计为 190m+552m+190m 的三跨连续中承式钢桁系杆拱桥,双层桥面;上层布置双向 6 车道和两侧人行道,桥面总宽 36m,下层中间布置双线城市轨道交通,两侧各预留 1 个 7m 宽的汽车车行道,可保证今后大桥车流量增大时的需求。大桥西接江北区五里店立交,东接南岸区渝黔高速公路黄桷湾立交,采用 BT 模式兴建,是连接重庆市南岸和江北中央商务区的重要过江通道。大桥全长 1 741m,主跨达 552m,成为"世界第一拱桥"。北引桥长 314m,南引桥长 495 m,均为预应力混凝土连续箱梁桥。大桥主桥布置如图 3-5 所示。

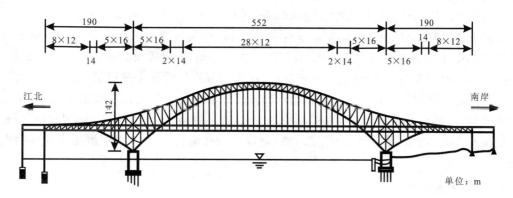

图 3-5 朝天门长江大桥主桥布置

主桥为三跨连续钢桁系杆拱桥(图版Ⅲ-1),采用 2 片主桁,桁宽 29m。两侧边跨为变高度桁梁,中跨为钢桁系杆拱,拱顶至中间支点高度为 142m。拱肋下弦线形采用二次抛物线,矢高为 128m,拱肋上弦线型也采用二次抛物线,并与边跨上弦之间采用 $R=700$m 的圆曲线进行过渡。主桁为变高度的"N"形桁式,拱肋桁架跨中桁高为 14 m,中间支点处桁高为 73.13m,边支点处桁高为 11.83m。为适应不同部位的桁高差异,使构造更为合理,主桁采用变节间布置,共有 12m、14m 和 16m 三种节间长度。中跨布置有上、下两层系杆,其中心间距为 11.83m,上层系杆与拱肋下弦相连接,下层系杆与加劲腿处中弦及边跨下弦贯通。两层系杆间采用竖杆悬吊连接,使主桥结构呈现"刚性拱、柔性梁"的特点,结构受力更为明确,系杆内力较为均匀,桥面竖向变形更为协调。

主桥采用的连续钢桁系杆拱桥为结构自平衡体系,拱肋产生的推力由两层系杆平衡,无结构外部推力。因此主梁采用类似连续梁的结构支承体系,具有上、下部结构受力明确的特点。采用球形支座,其中中间支点支座最大承载力为 145 000kN。主桥江北侧中支点设置固定铰支座,其余各墩均设置活动铰支座。为保证主体结构在体系温度作用下两侧主桁横向位移均匀,在边支点下横梁中心设置两个横向限位支座,以避免钢轨产生横向旁弯影响轻轨的行车。

国内钢桁架桥杆件多采用单一材质及相同的杆件宽度。而该桥主桁各杆件在施工过程和建成后的运营使用状态中,受力的大小相差悬殊,最大受力杆件的内力为 89 520kN,最小受力杆件的内力仅为 2 290kN。若仍沿用传统的杆件,将导致大量杆件出现构造控制设计,影响结构的合理性和经济性。因此,主桁杆件采用了 Q345qD、Q370qD 和 Q420qD 三种材质,最大板厚 50 mm,同时根据各杆件受力的大小,不仅在杆件截面高度上进行变化,而且杆件采用了 1 200mm 和 1 600mm 两种截面宽度。节点拼接处弦杆轮廓尺寸相同,不同宽(高)度杆件通过相邻节间的杆件在宽(高)度上进行喇叭形过渡衔接。为便于控制杆件制造精度、降低制造难度,杆件的宽度和高度不同时变化。主桁弦杆采用箱形截面,腹杆采用箱形、"H"形或"王"字形截面。

整体节点具有工厂化程度高、整体性好、现场拼装工作量小的特点。但考虑该桥钢桁拱桥的结构特点,主桁大部分节点均具有自身构造的特殊性,不利于标准化制造,增加了制造的工装设备、工艺措施和精度控制的难度。鉴于该桥特殊的建设模式,设计从加工难度和制造成本的经济性上考虑,除中间支承节点外,其余的全部采用拼装式节点构造。中间支承节点由于受力非常集中,相邻杆件尺寸和板厚均较大,且需设置主梁起顶构造,采用整体节点可以大大减小节点板尺寸。主桁节点板最大厚度达 80 mm,为中间支承节点。

主桥上、下层公路桥面均采用正交异性钢桥面板(桥面板厚 16 mm),并采用厚 8 mm 的"U"形闭口纵肋,沿顺桥向设置横隔板,其间距不大于 3 m,上层桥面沿横桥向设置 6 道纵梁,下层桥面每侧设置 2 道纵梁,纵梁支承于横梁,在主桁节点处设置 1 道横梁,横梁与主桁节点相连。桥面系设计的特点在于为适应下层桥面公路和轻轨的不同使用功能要求,采用了组合式桥面结构,两侧为正交异性钢桥面板,中间城市轻轨采用纵、横梁体系,其横梁与两侧钢桥面板的横梁共为一体。上层桥面在主桁节点外侧设置人行道托架,上置"F"形正交异性钢人行道板。

4. 上海卢浦大桥

建于 2003 年的上海卢浦大桥(图版Ⅲ-2)北起浦西鲁班路,穿越黄浦江,南至浦东济阳路,全长 8.7km,是当时世界上第一座钢结构拱桥,也是当时世界上跨度最大的拱形桥。大桥主桥为全钢结构,全长 3 900m,其中主桥长 750m,宽 28.75m,采用一跨过江,由于主跨直径达 550m,当时居世界同类桥梁之首,被誉为"世界第一钢拱桥",入选中国世界纪录协会世界最大跨度钢拱桥,创造了新的世界纪录。主桥按 6 车道设计,引桥按 6 车道、4 车道设计,设计航道净空为 46m,通航净宽为 340m。主拱截面高 9m,宽 5m,桥下可通过 7 万 t 级的轮船。它也是世界上首座完全采用焊接工艺连接的大型拱桥。工程总投资 20 多亿元人民币,2003 年 6 月 28 日建成通车。2007 年 5 月 1 日卢浦大桥上首次亮灯。

卢浦大桥在设计上融入了斜拉桥、拱桥和悬索桥 3 种不同类型的桥梁设计工艺,是当时世界上单座桥梁建造中施工工艺最复杂、用钢量最多的大桥。

卢浦大桥像澳大利亚悉尼的海湾大桥一样具有旅游观光的功能(图版Ⅳ-1)。与南浦大桥、杨浦大桥不同,卢浦大桥将观光平台安在巨弓般的拱肋顶端,不但使观光高度更高,而且需要游客沿拱肋的"斜卢浦大桥坡"走 300 多级台阶步行观光,增加了观光性、趣味性和运动性。游客乘坐高速观光电梯可直达 50m 高的卢浦大桥桥面,沿大桥拱肋人行道拾级而上,在"巨弓"背上大约攀登 280m,即可登上 100m 高的拱肋顶端,站在篮球场大小的观光平台中眺望,浦江美景尽收眼底。

卢浦大桥,是黄浦江上第一座全钢结构拱桥,也是当今世界上跨度最大的钢拱桥。其科技含量高,精度要求严,施工难度大。它标志着我国桥梁技术取得了重大突破,造桥水平跃上了一个新台阶。卢浦大桥犹如一道美丽的彩虹跨越浦江两岸,为上海市增添了新景观、新标志。

这座大桥还创下了当时 10 个"世界之最"。

(1) 世界上跨径最大的拱形桥,跨度达 550m,比当时世界上最大的美国西弗吉尼亚大桥长 32m。

(2) 世界上首座采用箱型拱结构的特大型拱桥,主截面高 9m,宽 5m,为当时世界最大。

(3) 当时世界上首座除合龙接口一端采用栓接外,完全采用焊接工艺连接的大型拱桥,现场焊接焊缝总长度达 4 万多米,接近上海市内环高架路的总长度。

(4) 在拱桥建造过程中,单件构件吊装重量世界最大,达到 860t,河中跨拱肋吊装最大总量为 480t,当时居世界首位。

(5) 主桥建筑中融合了斜拉桥、拱桥、悬索桥 3 种不同类型的桥梁施工工艺于一身,是当时世界上在单座桥梁建造中采用的施工工艺最多、也最复杂的一座桥。

(6) 整座主桥结构用钢量达 3.5 万多吨,相当于建造 3 艘 7.4 万 t 级轮船的用钢量,是当时世界上用钢量最大的单座拱桥。

(7) 整座主桥在建造中的施工措施用钢达 1.1 万多吨,是当时世界上单座拱桥建造中措施用钢量最大的一座。

(8) 大桥建设中所使用的 16 根水平系杆索,是当时世界上拱桥中长度最长(760m)、直径最大(18cm)、单根重量最重(110t)以及单根张拉吨位最大(1 700 多吨)的水平索。

(9) 现场钢板焊接厚度达 100mm,是当时世界钢结构桥梁建造中现场钢板焊接厚度最大的一座天桥。

(10) 在建桥过程中使用了众多大型机械设备和大型临时施工设施,是当时世界上在单座桥梁重建中使用大型机械设备和设施最多的一座。

在大桥的建设过程中为了减小大风通过桥拱后产生的涡激共振,建设者为大桥"涂"上了一层"润滑油"——导风器,通过在大桥拱顶设置多个建筑膜结构以"导通大风"。有关试验结果表明,狂风经过这些"润滑油"就像汽车行驶于冰面,会加速离开拱肋。由于国外多座大型拱桥都是"空腹式",不存在涡激共振的问题,因此这一方法可能也是世界首创。目前卢浦大桥能抵抗 12 级强风的正面袭击。

5. 万县长江大桥

万县长江大桥是我国主干线上海至成都公路在万县跨越长江的一座特大公路桥梁。大桥主跨 420m,全长 856m,桥宽 24m,桥高 147m,是当时世界上跨径和规模最大的混凝土拱桥(图版Ⅳ-2)。

420m 主拱为单箱三室截面,矢跨比 1/5,箱高 7m,为桥跨的 1/60,箱宽 16m,为桥跨 1/26.25。拱上及引桥孔跨布置一致,共 27 孔 30.668m 预应力简 T 梁,桥面连续。

采用桥型和控跨方案,经 8 种大跨桥型,18 个布孔方案的综合比选,最终选择净跨 420m 混凝土拱桥,一孔跨江方案。该方案具有经济节约、抗环境腐蚀、与桥位地形地质匹配、景观协调的优势。

主拱圈采用 C60 级高强混凝土加钢管混凝土劲性骨架的复合结构。其中钢管混凝土劲性骨架先期只是施工构架,承担第一环拱圈混凝土的重量,并形成组合的施工结构,共同承担拱圈第二环混凝土的重量。施工结构如此循环变化,直至拱圈最终形成。最后,劲性骨架成为拱圈内的劲性钢筋。

钢筋混凝土劲性骨架由 5 片钢管桁组成空间桁架,弦杆采用 $\phi 402mm \times 16mm$ 的钢管,腹杆和连接系为 4 肢 75mm×75mm×12mm 角钢组合杆,空钢管骨架整体分 36 节段在工厂制造,段间采用法兰盘螺栓接头,工地缆索吊机起吊运输,两岸斜拉扣挂悬拼,合龙成拱,再压注高强混凝土,形成钢管混凝土劲性骨架。钢管混凝土具有刚度大、承载力高、用钢省、安装重量轻、施工方便等优点,是目前理想的骨架材料。

六、斜拉桥

斜拉桥是一种用斜拉索悬吊桥面的桥梁。最早的这种桥梁,其承重索是用藤罗或竹材编制而成。它们可以说是现代斜拉桥的雏形。斜拉桥的发展,有着一段十分曲折而漫长的历程。18世纪下半叶,在西方的法国、德国、英国等国家都曾修建过一些用铁链或钢拉杆建成的斜拉桥。可是由于当时对桥梁结构的力学理论缺乏认识,拉索材料的强度不足,致使塌桥事故时有发生。如德国萨尔河桥(1824年)在建成第二年,就在一次有246人举行的火炬游行人群聚集桥上时突然坍塌而酿成了50人丧生的惨剧。因此在相当长的一段时间里,斜拉桥这一桥型就销声匿迹了。

直至第二次世界大战后,在重建欧洲的年月中,为了寻求既经济又建造便捷的桥型,使几乎被遗忘的斜拉桥重新被重视起来。世界上第一座现代公路斜拉桥是1955年在瑞典建成的,主跨为182.6m的斯特罗姆海峡钢斜拉桥。近年来斜拉桥在国内外得到了迅速发展,目前已建成跨度最大的斜拉桥是2012年俄罗斯新建成的跨海大桥——俄罗斯岛大桥(图版Ⅳ-3),中央跨度达1 104m,总长度为3.1km,是世界上最长的斜拉桥。世界前10名大跨度斜拉桥如表3-2所示。

表3-2 世界斜拉桥排名

序号	桥名	国家	主跨(m)	建成时间(年)
1	俄罗斯岛大桥	俄罗斯	1 104	2012
2	苏通大桥	中国	1 088	2008
3	香港昂船洲大桥	中国	1 018	2008
4	鄂东长江大桥	中国	926	2010
5	多多罗大桥	日本	890	1999
6	诺曼底大桥	法国	856	1995
7	南京长江三桥南汊桥	中国	648	2005
8	南京长江二桥南汊桥	中国	628	2001
9	武汉白沙洲长江大桥	中国	620	2008
10	福州青洲闽江大桥	中国	618	2000
11	上海杨浦大桥	中国	605	2001
12	上海徐浦大桥	中国	602	1993

(一)斜拉桥整体结构特点

斜拉桥主要由索塔、主梁和斜拉索组成。主梁一般采用混凝土结构、钢-混凝土组合结构或钢结构,索塔大都采用混凝土结构,而斜拉索则采用高强材料(高强钢丝或钢绞线)制成。斜拉桥中荷载传递路径是:斜拉索的两端分别锚固在主梁和索塔上,将主梁的恒载和车辆荷载传递至索塔,再通过索塔传递至地基。因而主梁在斜拉索的各点支承作用下,像多跨弹性支承的连续梁一样,使弯矩值得以大大降低。这不但可以使主梁尺寸大大减小(梁高一般为跨度的1/50～1/200,甚至更小),而且由于结构自重显著减轻,既节省了结构材料,又能大幅度地增大桥梁的跨越能力。需要指出的是:斜拉索对主梁的多点弹性支承作用,只有在拉索始终处于拉紧状态时才能得到充分发挥。因此,在主梁承受荷载之前对斜拉索要进行预张拉。预张拉力的结果可以给主梁一个初始支承力,以调整主梁初始内力,使主梁受力状况更趋均匀合理,并提高斜拉索的刚度。此外,斜拉索轴力产生的水平分力对主梁施加了预压力,主梁截面的基本受力特征是偏心受压构件,从而可以增强主梁的抗裂性能,节约主梁中预应力钢材的用量。

斜拉桥属高次超静定结构,主梁所受弯矩大小与斜拉索的初张力密切相关,存在着一定的最优索力分布,使主梁在各种状态下的弯矩(或应力)最小。与其他体系桥梁相比,包含着更多的设计变量。全桥总的技术经济合理性不易简单地用结构体积小、质量轻或者满应力等概念准确地表示出来,这就给选定桥型方案和寻求合理设计带来一定困难。

此外,由于索塔、拉索和主梁构成稳定的三角形,斜拉桥的结构刚度较大,斜拉桥的抗风能力较悬索桥要好得多。但是,当跨度较大时,悬臂施工的斜拉桥因主梁悬臂长度过长,承受压力过大,而导致风险较大。此外,塔高过高、外索过长,索垂度的影响使索的刚度大幅下降,这些问题都需要加以认真地研究和解决。

(二)斜拉桥的布置

1. 斜拉桥整体布置

常见的布置形式有双塔三跨式、独塔双跨式和多塔多跨式。

(1)双塔三跨式。图3-6所示双塔三跨式斜拉桥是一种最常见的孔跨布置方式。由于它的主跨跨径较大,适用于跨越海峡和宽度较大的河流、峡谷等。

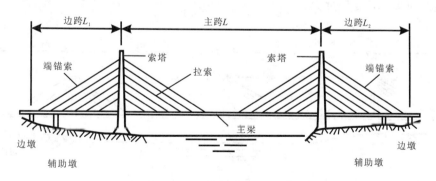

图3-6 双塔三跨式斜拉桥

在这类桥式中,边跨与主跨的比例非常重要,为了在视觉上清楚地表现主跨,边主跨之比应小于0.5。从受力上看,边主跨之比与斜拉桥的整体刚度、端锚索的应力变幅有着很大的关系。当主跨有活载时边跨梁端点的端锚索产生正轴力(拉力),而当边跨有活载时端锚索又产生负轴力(拉力松减),由此引起较大应力幅而产生疲劳问题。边跨较小时,边跨主梁的刚度较大,边跨拉索较短,刚度也就相对较大,因而此时边跨对索塔的锚固作用就大,主跨的刚度也就相应增大。对于活载比重较小的公路和城市桥梁,合理的边主跨之比为 0.40～0.45,而对于活载比重大的铁路桥梁,边主跨之比宜为 0.20～0.25。同样道理,钢斜拉桥的边跨比相同跨径混凝土斜拉桥的跨径小。

(2)独塔双跨式。图 3-7 所示独塔斜拉桥也是一种常见的孔跨布置方式,它的主孔跨径一般比双塔三跨式的主孔跨径小,因而适用于跨越中小河流和城市通道。

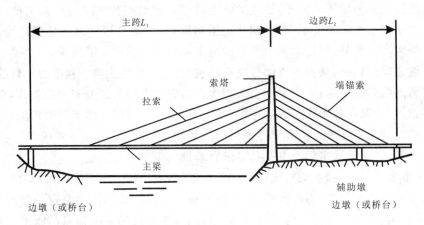

图 3-7 独塔斜拉桥

独塔双跨式斜拉桥的主跨跨径 L_1 与边跨跨径 L_2 之间的比例关系一般为 $L_2=(0.5\sim0.8)L_1$,但多数接近于 $L_2=0.66L_1$。两跨相等时,由于失去了边跨及辅助墩对主跨变形的有效约束作用,因而这种形式较少采用。

(3)三塔四跨式和多塔多跨式。斜拉桥与悬索桥一样,很少采用三塔四跨式或多塔多跨式。一个极简单的原因是,多塔多跨式斜拉桥中的中间塔塔顶没有端锚索来有效地限制它的变形(图 3-8)。因此,已经是柔性结构的斜拉桥或悬索桥采用多塔多跨式将使结构柔性进一步增大,随之而来的是变形过大。

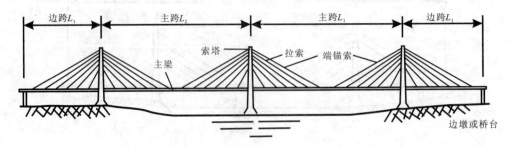

图 3-8 三塔四跨式斜拉桥

增加主梁的刚度可以在一定程度上提高多塔斜拉桥的整体刚度,但这样做必然会增加桥梁的自重,如必须采用多塔多跨式斜拉桥时,则可将中间塔做成刚性索塔,但此时索塔和基础的工程量将会增加很多,或用长拉索将中间塔顶分别锚固在两个边塔的塔顶或塔底加劲。这种方式的缺点是长索下垂量很大,索的刚度较小,大风有可能将其破坏。还有一种方法是加粗尾索并在锚固尾索的梁段上压重,以增加索的刚度。

(4)辅助墩和边引跨。活载往往在边跨梁端附近区域产生很大的正弯矩,并导致梁体转动,伸缩缝易受损,在此情况下,可以通过加长边梁以形成引跨或设置辅助墩的方法予以解决,如图 3-9 所示。同时,设辅助墩既可以减小拉索应力变幅,提高主跨刚度,又能缓和端支点负反力,是大跨度斜拉桥中常用的方法。

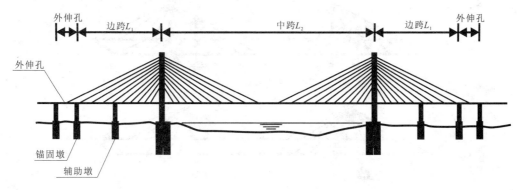

图 3-9 斜拉桥辅助墩设置

2. 索塔

索塔是表达斜拉桥个性和视觉效果的主要结构物,因而对于索塔的美学设计应予以足够的重视。索塔设计必须适合于拉索的布置,传力应简单明确,在恒载作用下,索塔应尽可能处于轴心受压状态。

索塔沿桥纵向的布置有独柱式、"A"形、倒"Y"形等几种。单柱式主塔构造简单,"A"形和倒"Y"形在顺桥向刚度大,有利于承受索塔两侧斜拉索的不平衡拉力。"A"形还可以减小搁置在塔上主梁的负弯矩。

索塔横桥方向的布置方式可分为独柱形、双柱形、门形或"H"形、"A"形、宝石形或倒"Y"形等。

3. 斜拉索

斜拉索常见的布置形式有单索面、竖向双索面和斜向双索面(图 3-10)。单索面应用较少,因为从力学角度来看,采用单索面时拉索对结构抗扭不起作用,主梁需要采用抗扭刚度大的截面。单索面的优点是桥面上视野开阔。采用双索面时,作用于桥梁上的扭矩可由拉索的轴力来抵抗,所以主梁可以采用抗扭刚度较小的截面,而且双索面对桥体抵抗风力扭振非常有利,因此双索面在大跨度斜拉桥中已经成为主要的形式。至于斜向双索面,它对桥面梁体抵抗风力扭振特别有利(斜向双索面限制了主梁的横向振动)。倾斜的双索面应采取倒"Y"形、"A"形或双子形索塔。

索面形状主要有如图 3-11 所示的 3 种基本类型,即辐射形、扇形和竖琴形。它们各自的特点如下。

(1)辐射形布置的斜拉索沿主梁为均匀分布,而沿索塔上则集中于塔顶一点。由于其斜拉索与水平面的平均交角较大,故斜拉索的垂直分力对主梁的支承效果也大,与竖琴形布置相比,可节省钢材 15%~20%,但塔顶上的锚固点构造过于复杂。

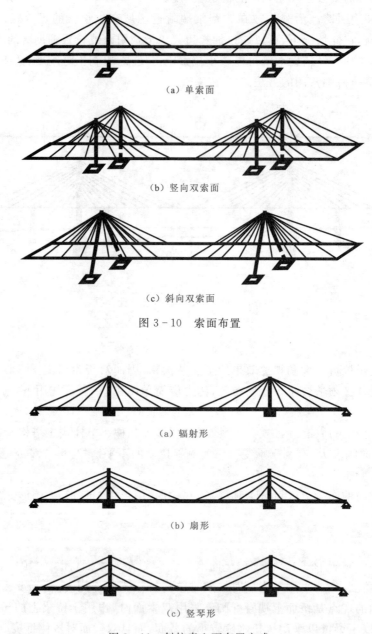

(a) 单索面

(b) 竖向双索面

(c) 斜向双索面

图 3-10 索面布置

(a) 辐射形

(b) 扇形

(c) 竖琴形

图 3-11 斜拉索立面布置方式

(2) 扇形布置的斜拉索是不相互平行的,它兼有上面两种布置方式的优点。扇形布置的拉索在索塔锚固分散到一定的高度范围,其分布范围由锚固构造要求确定,一般两个锚固点的间距为3~4m。这种布置方式的索力传递接近于最合理,构造也能满足施工要求,是斜拉桥普遍采用的一种结构形式。

(3) 竖琴形布置中的斜拉索呈平行排列,在索数少时显得比较简洁,并可简化斜拉索与索塔的链接构造,塔上锚固点分散,对索塔的受力有利。缺点是斜拉索的倾角较小,索的总拉力大,故钢索用量较多。

4. 主梁

主梁常见的截面形式有板式截面和箱形截面。主梁截面选取主要由斜拉索的布置形式和抗风稳定性情况所决定。板式截面的主梁构造简单，施工方便，一般适用于双索面斜拉桥。箱形截面梁有抗弯、抗扭刚度大、收缩变形较小等特点，能适应许多不同形式的拉索布置，对悬臂施工非常有利，而且可以部分预制、部分现场浇筑，为施工方案提供了多种选择，因此箱形截面主梁逐渐成为现代斜拉桥中经常采用的形式。

另外，主梁按材料可以分为预应力混凝土梁、钢-混凝土组合梁、钢主梁和混合式梁。

5. 主要结构体系

斜拉桥的结构体系可以有以下几种不同的划分方式：

- 按照塔、梁、墩相互结合方式，可划分为漂浮体系、半漂浮体系、塔梁固结体系和钢构体系；
- 按照主梁的连续方式，有连续体系和T构体系等；
- 按照斜拉索的锚固方式，有自锚体系、部分地锚体系和地锚体系；
- 按照塔的高度不同，有常规斜拉桥和矮塔部分斜拉桥体系。

现将几种主要的斜拉桥体系分别介绍如下。

(1) 漂浮体系。漂浮体系的特点是塔墩固结、塔梁分离。主梁除两端有支承外，其余全部用拉索悬吊，属于一种在纵向可稍作浮动的多跨弹性支承连续梁。空间动力分析表明，斜拉索是不能对梁提供有效的横向支承的，为了抵抗由于风力等引起主梁的横向水平位移，一般应在塔柱和主梁之间设置一种用来限制侧向变位的板式或聚四氟乙烯盆式橡胶支座，简称侧向限位支座。

该体系的主要优点是：当主跨满载时，塔柱处的主梁截面无负弯矩峰值；由于主梁可以随塔柱的缩短而下降，所以温度、收缩和徐变次内力均较小；密索体系中主梁各截面的变形和内力的变化较平缓，受力较均匀；地震时允许全梁纵向摆荡，作长周期运动，从而吸震消能。目前，大跨斜拉桥（主跨400m以上）多采用此种体系。

漂浮体系的缺点是：当采用悬臂施工时，塔柱处主梁需临时固结，以抵抗施工过程中的不平衡弯矩和纵向剪力，由于施工不可能做到完全对称，成桥后解除临时固结时，主梁会发生纵向摆动，应予以注意。

为了防止纵向飓风和地震荷载使漂浮体系斜拉桥产生过大的摆动，影响安全，十分有必要在斜拉桥塔上的梁底部位设置高阻尼的主梁水平弹性限位装置。

(2) 半漂浮体系。半漂浮体系的特点是塔墩固结，主梁在塔墩上设置竖向支承，成为具有多点弹性支承的三跨连续梁。可以是1个固定支座和3个活动支座，也可以是4个活动支座，但一般均设活动支座，以避免由于不对称约束而导致不均衡温度变位，水平位移将由斜拉索制约。

半漂浮体系若采用一般支座来处理则无明显优点，因为当两跨满载时，塔柱处主梁有负弯矩尖峰，温度、收缩、徐变次内力仍较大。若在墩顶设置一种可以用来调节高度的支座或弹簧支承来代替从塔柱中心悬吊下来的拉索（一般称"零号索"），并在成桥时调整支座反力，以消除大部分收缩、徐变等的不利影响，这样就可以与漂浮体系相媲美，并且将对经济和减小纵向漂移方面有一定的好处。

（3）塔梁固结体系。塔梁固结体系的特点是将塔、梁固结并支承在墩上。主梁的内力与挠度直接同主梁与索塔的弯曲刚度比值有关。这种体系的主梁一般只在一个塔柱处设置固定支座，而其余均为纵向可以活动的支座。

这种体系的优点是显著地减小主梁中央段承受的轴向拉力，并且索塔和主梁中的温度内力极小。缺点是中孔满载时，主梁在墩顶处转角位移导致塔柱倾斜，使塔顶产生较大的水平位移，从而显著地增大主梁跨中挠度和边跨负弯矩；另外上部结构重量和活载反力都需有支座传给桥墩，这就需要设置很大吨位的支座。在大跨径斜拉桥中，这种支座甚至达到上万吨级，这样给支座的设计制造及日后养护、更换均带来较大的困难。

（4）钢构体系。钢构体系的特点是塔、梁、墩相互固结，形成跨度内具有多点弹性支承的钢构。

这种体系的优点是既免除了大型支座又能满足悬臂施工的稳定要求；结构的整体刚度比较好，主梁挠度又小。缺点是主梁固结处负弯矩大，使固结处附近截面需要加大；再者，为消除温度应力，应用于双塔斜拉桥中时要求墩身具有一定的柔性，常用于墩高的场合，以避免出现过大的附加内力。这种体系比较适合于独塔斜拉桥。

（三）斜拉桥中的问题及常用措施

（1）主梁中的轴力过大问题。斜拉索的水平分力会使主梁内产生较大轴力，一方面提高了梁的抗裂性能，但另一方面施工时主梁根部轴力过大时，主梁会有纵向、横向的压屈和失稳危险，因此当跨度很大时必须设临时墩以减少伸臂长度。

（2）斜拉索的应力大小的控制。通过调节斜拉索的预应力大小可以控制主梁内的应力分布，但斜拉索的应力大小的控制是个难点，需要进行结构分析和内力计算以确定斜拉索的内力大小，特别是当拉索过长时，由于斜拉索的非线性影响，将大大增加梁、塔的弯矩，因此需要对斜拉索的非线性动力性能按空间体系进行分析研究。

（3）斜拉桥为多次超静定结构，设计计算和施工控制复杂。结构计算需要采用有限元并且要用计算机来进行计算。桥梁及软件专家已经研究出了斜拉桥静力分析、非线性静力分析以及自动调索施工控制等专用程序。

（4）超大跨斜拉桥的抗震、抗风性能。当跨度很大时，斜拉桥受活载、地震、风等作用的影响非常大，此时需采用许多必要措施，如斜拉桥结构宜采用全漂浮体系，塔、梁采用对称的弹性约束体系，拉索安装阻尼装置等。

（四）斜拉桥实例

1. 俄罗斯岛大桥

俄罗斯岛大桥是 2012 年俄罗斯新建成的跨海大桥，中央跨度达 1 104m，总长度为 3.1km，是世界上最长的斜拉桥。俄罗斯岛大桥工程始于 2008 年 9 月，建造期间创下了数项世界纪录：主桥墩高 324m，最长钢缆牵索达 580m。俄罗斯岛大桥于 2012 年 7 月 2 日在海参崴通车投入使用，成为全世界第三座跨度超过千米的斜拉桥，也超越我国主跨 1 088m 的苏通大桥和香港主跨 1 018m 的昂船洲大桥成为全球主跨最长的斜拉桥，如图版 Ⅳ-3 所示。

引桥是总长度 900 多米的高架桥。高架桥桥墩为支柱式，高度从 9m 至 30m。跨构为钢筋混凝土，由金属箱构成，金属箱是斜壁和整铸的钢筋混凝土板。车行道宽度为 24m。上面可容纳 4 条车道(每一侧 2 条)。

在每个桥墩地基中是直径为 2m 的 120 孔桩,桩子带有取不下来的金属外壳。每个桥墩的承台工事需要大约 20 000m³ 水泥和大约 30 000t 金属结构。承台台身安装了应力计,用于监控该底座的状态。钢梁由长度为 12m、宽度为 26m 的 103 块预制板组成,预制板总重量为 23 000t。

2. 苏通大桥

苏通大桥全称苏通长江公路大桥,位于江苏省东部的南通市和苏州(常熟)市之间,西距江阴大桥 82km,东距长江入海口 108km,是交通部规划的国家高速公路沈阳至海口通道和江苏省公路主骨架的重要组成部分。路线全长 32.4km,主要由跨江大桥和南、北岸接线 3 部分组成。其中跨江大桥长 8 146m,北接线长约 15.1km,南接线长约 9.2km。跨江大桥由主跨 1 088m 双塔斜拉桥及辅桥和引桥组成。主桥主孔通航净空高 62m,宽 891m,满足 5 万 t 级集装箱货轮和 4.8 万 t 级船队通航需要。工程于 2003 年 6 月 27 日开工,于 2008 年 6 月 30 日建成通车。

苏通大桥工程规模浩大:其主跨跨径达到 1 088m,是世界位居第二大跨径的斜拉桥;其主塔高度达到 300.4m,为世界第二高的桥塔;主桥两个主墩基础分别采用 131 根直径 2.5m 至 2.85m、长约 120m 的灌注桩,是世界最大规模的群桩基础,上桥最长的斜拉索长达 577m,也是世界最长的斜拉索。主要工程量有桥涵混凝土 149.3 万 m³,钢箱梁 4.9 万 t,钢材 23 万 t,斜拉索 6 278t,填挖方 317.6 万 m³,征用土地 733.33hm²(1hm²=10⁴m²),如图版Ⅳ-4 所示。

3. 多多罗大桥

多多罗大桥是位于日本濑户内海的斜拉桥,连接广岛县的生口岛及爱媛县的大三岛(图版Ⅳ-5)。大桥于 1999 年竣工,同年 5 月 1 日启用,最高桥塔 224m 钢塔,主跨长 890m,是当时世界上最长的斜拉桥,连引道全长为 1 480m,4 线行车,并设行人及自行车专用通道,属于日本国道 317 号的一部分。

多多罗大桥的形式是一座三跨连续复合箱梁斜拉桥,跨径布置为 270m+890m+320m,两边跨布置因地形和施工条件的原因是不对称的,其边、主跨径之比分别为 0.3 和 0.34,比一般斜拉桥的边、主跨径比(0.4)要小。因此,在恒载作用下,边、主跨是不平衡的,边跨必然要产生上拔力,所以在两边跨的端部各布置了一段预应力混凝土加劲梁(简称 PC 梁),在靠近生口岛侧 PC 梁长 105.5m;靠近大三岛侧 PC 梁长 62.5m,同时两边跨还分别布置了三排和两排锚碇墩柱。桥梁的其余部分都是钢箱梁。

4. 武汉白沙洲长江大桥

武汉白沙洲长江大桥是长江武汉段的第三座长江公路大桥,也被称为武汉长江三桥,位于武汉长江大桥上游 8.6km 处。1997 年 3 月 28 日正式开工建设,2000 年 9 月 8 日正式通车。

大桥全长 3 586.38m,主桥为双塔双索面栓焊结构钢箱梁与预应力混凝土箱梁组合的斜拉桥(图版Ⅳ-6),跨径为 50m+180m+618m+180m+50m,全宽 30.2m,桥面净宽 26.5m,桥面设 6 条机动车道,车行道宽 22m,中央分隔带宽 1.5m,路缘带宽度共 1m,两侧各设宽 0.75m 检修道,检修道与机动车道间设置 0.25m 的防护栏。"A"形主塔高 175m,高强平行钢丝斜拉索。设计时速为 80km/h,日通车能力为 5 万辆,分流过江车辆 29%,主要分流外地过汉车辆。

武汉白沙洲长江大桥是武汉 88km 中环线上的重要跨江工程。南岸在洪山区青菱乡长江村与 107 国道正交,北岸在汉阳江堤乡老关村与 318 国道连通。白沙洲大桥的建成,使 107、316、318 等国道由"瓶颈"变通途,是打通武汉中环的两座桥梁之一。

大桥施工关键是斜拉索的挂设与张拉,施工中直接利用单点起吊与塔内卷扬机牵引,即先塔上挂索而后梁端软牵引。这种工艺不仅提高了斜拉索的牵引效率,还变高空作业为桥面上的平面作业,大大增强了操作的安全性。该工艺成功地对国内最长的斜拉索进行挂设、张拉,使主桥工期大为缩短,为大跨斜拉桥积累了施工经验。

白沙洲大桥为钢桥面,自 2000 年 9 月建成通车以来,桥面铺装层陆续出现车辙、开裂、推移、拥包等病害,虽经 2004 年大修和多次小修(几乎每次下雨就需要维修)仍未能解决问题。

七、悬索桥

(一)总体布置

悬索桥(也称吊桥)是以承受拉力的缆索或链索作为主要承重构件的桥梁,通常由桥塔、主缆、锚碇、吊索、加劲梁及鞍座等主要部分组成。悬索桥的构造方式于 19 世纪初被发明,许多桥梁使用这种结构方式。现代悬索桥,是由索桥演变而来,适用范围以大跨度及特大跨度公路桥为主,是当今大跨度桥梁的主要形式之一。

在桥面系竖向荷载作用下,通过吊索使主缆承受很大的拉力,主缆锚于悬索桥两端的锚碇结构中,为了承受巨大的主缆拉力,锚碇结构需做得很大(重力式锚碇),或者依靠天然完整的岩体来承受水平拉力(隧道式锚碇)。主缆传至锚碇的拉力可分解为垂直和水平两个分力,因而悬索桥也是具有水平反力(拉力)的结构。现代悬索桥广泛采用高强度的钢丝成股编制形成钢缆,以充分发挥其优良的抗拉性能。悬索桥的承载系统包括主缆、桥塔和锚碇 3 个部分,因此结构自重较轻,能够跨越任何其他桥型无法达到的特大跨度。悬索桥的另一特点是,受力简单明了,成卷的钢缆易于运输,在将主缆架设完成后,便形成一个强大稳定的结构支承系统,施工过程中的风险相对较小。

如果按照悬索桥中加劲梁的支承构造来划分,则它可划分为单跨两铰加劲梁悬索桥、三跨两铰加劲梁悬索桥和三跨连续加劲梁悬索桥 3 种常用形式。

单跨与三跨的优缺点如下。

(1)从受力角度考虑,单跨悬索桥由于边跨主缆的垂度较小,主缆的长度相对较短,这对控制中跨的活荷载变形比较有利。

(2)从经济造价比较,则要结合桥位处的地形、地质、水文等条件来权衡。当边跨地形向高处延伸时,桥墩基础的费用可能会少,选择单跨可能比较有利;但当边跨地形平坦、河床较深、桥墩甚高时,则选用三跨可能更合适。

三跨两铰与三跨连续的优缺点如下。

(1)三跨两铰的最大优点是:加劲梁可以不从塔柱间直接通过,它可以支承在塔柱顺桥向两侧的短悬臂牛腿上,这样塔柱可以竖直布置(不倾斜),主缆和吊索的吊点在加劲梁的宽度范围内;其次,就施工而言,在桥塔处,相邻跨度的梁段无需连接,施工简便。

(2)三跨两铰的最大缺点是:相邻两跨梁端的相对转角和伸缩量以及跨中的挠度均较大,特别是当中跨跨径甚大时,在风荷载作用下会使加劲梁产生很大的横向水平变位。在这种情况下,以及对于公铁两用的桥梁,则以选用三跨连续加劲梁方案比较合适,但它又带来了在桥塔处加劲梁的支点负弯矩过大和因两桥塔的不均匀沉降给加劲梁产生附加内力等不利影响。为了克服这个缺点,有的三跨连续悬索桥在桥塔处不设常规的竖向支座,而在桥塔附近设置特别吊索的措施,以降低加劲梁的负弯矩。

悬索桥的总体布置中常用的几个主要技术参数为:①边跨与主跨的跨度比,一般在 0.25~0.50 之间取值;②主孔中主缆垂度 f 与跨度 L 之比,通常 f/L 在 1/9~1/12 之间取值;③加劲梁的基本尺寸拟定,通常,钢桁式加劲梁的梁高为 2.5~4.5m,加劲梁的宽度则由车道宽度和桥面构造布置等要求来确定。

(二)结构组成

1. 桥塔

桥塔塔柱下端一般固支在沉井基础或者群桩基础的承台上,按照桥塔塔身形式,主要有桁架、钢构式和组合式等。它们的共同点是,每侧塔柱都是直立的。为了能使桥面结构,特别是连续加劲梁能从两塔间通过,不少悬索桥的塔柱,从顺桥向看,设计成向桥面中心线倾斜的形式。

按照塔身的建造材料,现代悬索桥多为钢筋混凝土桥塔和钢桥塔两类,而我国多采用前者。

1)钢筋混凝土桥塔

(1)塔柱截面。钢筋混凝土桥塔多采用钢构式,其塔柱截面一般以选用箱形截面较合理,截面形式可以是"D"形或具有切角的矩形。

(2)塔柱设计高程。在确定桥塔塔顶的设计高程时,要设计混凝土收缩和徐变的影响因素,其预留超高值则由计算确定。

(3)横系梁。混凝土桥塔的各层横系梁一般为预应力混凝土空箱结构。根据具体条件,可以采用在支架上现浇施工法或先工厂预制后现场架设等施工方法,但后者较方便,不受温度收缩徐变的影响,只需在塔柱与预制横系梁之间进行湿接缝处理。

(4)塔柱与基顶的连接。先在基础的顶部或在桩基承台内预先埋置锚固钢构架,再在其上浇筑塔柱混凝土,形成固接构造,为此,常将塔柱底段设计成一定高度的实体截面。

(5)塔柱的施工。目前以采用滑模法或爬模法逐节浇筑混凝土的方法较方便。

2)钢桥塔

(1)桥塔形式。桁架、钢构式和组合式 3 种基本形式在钢桥塔中都有采用。桁架式的抗风性能好,用钢量少,但景观不如钢构式的明快简洁,而混合式则综合了二者的优点。设计时则根据具体要求而定。

(2)塔柱截面。早期主塔采用由钢板与角钢连接而成的多格室铆接结构。由于格室内净空较小,致使施工时十分不便,甚至还会因室内油漆释放的气体而引起铅中毒。自栓接和焊接技术发展以后,钢桥塔均改用了周边带有加劲肋的大格室截面。

(3)塔柱节段之间的水平接缝。日本的做法是:先将由工厂焊接制造的塔柱大节段运到桥塔现场,再用大型浮吊架架设就位,然后用高强螺栓进行大节段之间的拼装。土耳其的博斯普鲁斯二桥采用了新颖的接缝方法:要求外板和竖直肋的端部接触面刨平到 100%平整度,以利于直接传递垂直轴压力;用Φ60mm 的高强螺杆作为拉杆来抵抗挠曲拉应力;用 M24mm 高强螺栓来抵抗剪切。

(4) 塔柱底节与塔墩之间的连接。常用的方法是将钢塔柱的底部埋置于桥墩顶部的混凝土中。埋入段的外板上焊有剪切板，外板的剪切板上均焊有带头锚杆。塔柱的垂直力则由剪切板和带头锚杆等来承受，弯矩和剪力则在锚固螺杆中施加预应力后与混凝土构成的整体来承受。这种方法比以往将塔柱底节与预埋在混凝土墩顶中的锚固构架之间，采用张拉加铆钉连接的方法，虽然多费一些材料，但施工简便且工期较短。

2. 主缆

现代大跨度悬索桥的主缆截面一般是由 $\Phi 5mm$ 左右的钢丝先组成钢丝束股，再将若干根钢丝束股组成为一根主缆，并用紧缆机将它紧成规则的圆形并用软质钢丝加以缠绕捆扎，最后在其外部涂上防腐油漆。主缆防腐的另一方法是通过向密闭的主缆内输入干空气以达到主缆防腐的目的。

钢丝束股的排列方式主要有平顶式、尖顶式和方阵式3种，它们的优缺点如下。

(1) 平顶式。它的优点是在排列的过程中容易保证其精确位置。其缺点是在最后挤压成形时主缆水平向的直径明显大于竖直向的直径；其次，位于下层的束股常常受到过大的挤压力。

(2) 尖顶式。它的优点是在相邻两竖向束股之间容易插放临时分隔片，这将有助于束股间的通风，达到温度一致，从而保证束股长度调整的精度；其次是在主缆挤压成形时能达到各个方向的直径一致。它的缺点是当束股刚制成 3～4 根时，临时用大缆形成器来保持其相对位置就不如平顶式。

(3) 方阵式。它的优点是在竖向和水平向都较容易插放临时分隔片，在用紧缆机操作时也很容易使主缆形成圆形截面。

3. 加劲梁

1) 钢桁加劲梁

(1) 钢桁梁的横截面形式。国内外已建桥梁中的钢桁梁截面形式，按照车道位置的布置主要有以下3种。

a. 具有双层公路桥面的钢桁梁横截面。由于桥的下层有车辆行驶，不能在其间的任何竖向和斜向设置支撑，因此，保证这类截面在荷载作用下不产生横向畸变变形是设计中一个十分重要的问题。为了这一点，必须将其上、下主横梁设计成具有足够的抗弯刚度，并且使之与两侧主桁架以及上、下水平面内的横向支撑结合成刚性的空间框架。此外，若悬索桥的跨径、车道数及活载均较大时，为了使主缆的直径不超过1m，避免产生二次应力，故应每侧各设计一对主缆，但两侧主缆的中心距与主桁架的中心距是完全吻合的。

b. 公铁两用双层桥面的钢桁架梁横截面。由于它承受比双层公路悬索桥更大的荷载，对抗横向畸变的刚度要求更高，故通过加大桁宽和桁高，以便在横断面平面内设置必要的斜撑，其余与主桁架之间的连接构造，均与上述的基本相似。

c. 单层桥面的钢桁梁横断面。单层桥面的钢桁梁横断面主要有下翼缘封闭式和开口式两种。就横向抗弯刚度而言，显然开口式的不如闭口式的。通过实践，国外现今已不采用开口式的横断面。闭口式横截面与上述的双层式基本相同，但它可以在下层中设置斜撑或利用部分空间作为非机动车道，其用钢量也相对少一些，这也是目前国外常用的一种形式。

(2)主桁架的形式。

a. 上、下弦杆节点均有竖杆的形式。这是最广泛应用的一种形式,它虽然存在用钢量大的缺点,但相应地减小了节间长度,使行车道部分和上弦杆的用钢量可以减小。

b. 只在下弦杆的节点处设置竖杆的形式。在简支体系的加劲梁中,正弯矩常常是控制上弦杆的截面设计,而下弦杆一般处于受拉状态。因此,取消其中部分竖杆,不会影响局部稳定。

c. 无竖杆的纯三角形形式。这种形式具有令人愉悦和简洁的外形,但它的节间较长,使行车道部分和上弦杆的用钢量增加一些;又因主桁架内无竖杆,致使横联和水平纵联主桁架的连结变得比较复杂,故一般也较少应用。

经过分析,具有竖杆的主桁架梁的合理节间长度 s 约为主桁架高度 A 的 0.8~1.2 倍,且斜杆的倾角宜控制在 40°~50° 的范围以内。

(3)主桁架间的水平联结系。主桁架之间的纵向水平联结系,一般情况下设置在钢桁架加劲梁的上、下平面内。当钢桁架加劲梁的间距不大,且桥道部分的刚度较大时,可以只在加劲梁的下缘设置一道纵向水平联结系。不过为了保证加劲梁具有一定的横向刚度,通常在上、下缘均设置纵向水平联结系。主桁架间的横撑体系在布置中应考虑以下两点。

a. 凡在纵向主桁架中有垂直杆的部位,在水平联结系中也应对应地布置水平的垂直支撑。

b. 为了使整个立体桁架能有效地承担扭矩的作用,宜将底部水平联结系中的斜杆与主桁架中的斜杆交汇于同一结点上,为此,顶部的水平联结系常与底部的布置错开一个节间。这样,扭矩作用将通过所有斜杆传力,而使主桁架弦杆中轴力减小。

(4)钢桁加劲梁上的桥面板构造。

a. 钢桥面板的构造。这是现代悬索桥上用得较多的一种构造,在顺桥向两吊杆处的横向框架上,布置若干钢纵梁,在这些纵梁之间等间距地布置若干道"工"形横梁,通过焊接构成格子体系,然后在其上摊设板厚约 14mm 的钢板及加劲肋,最后在桥面上铺设桥面铺装。桥面铺装多以沥青混凝土为主,这种构造形式的优点是自重轻,缺点是沥青混凝土铺装层与钢板的结合质量不易保证。

b. 钢筋混凝土桥面板构造。早期有的悬索桥是在型钢与钢筋构成的格子体系内灌注混凝土,以此来代替上述中的钢板和加劲肋。它的优缺点与上述的恰相反。也有采用钢-混凝土结合梁的构造,钢筋混凝土板可以在场外预制,再运到现场吊装就位后,与钢纵梁及横向框架进行混合,这样可以大大加快施工进度。

2)钢箱加劲梁

(1)横截面形式。扁平式钢箱加劲梁的主体主要由 4 部分组成:上翼缘板、下翼缘板、腹板和加劲构件。其中上翼缘板又兼作桥面板之用,为了增强钢箱加劲梁的整体性,往往将上翼缘设计成正交异性钢桥面板。为了满足横截面抗风功能的要求,主要有两种截面形式,即:横截面两侧具有导风尖角的形式;在导风尖角的外侧增设抗风分流板的形式,分流板可兼作人行道或检修道之用,并且可以提高抗风的功能,对于宽高比较小的钢箱加劲梁常采用这种形式。钢箱梁桥面板的板厚通常为 10~14mm,腹板和底板的厚度通常为 10~12mm。

(2)横隔板。常用的横隔板形式有肋式和实腹式。我国多采用实腹式的横隔板,但应注意在实腹板上设置检修过人孔、通风换气孔和各种过桥管线孔。

横隔板顺桥向的间距是由桥面板的纵肋跨度要求决定的,但在吊索处一定设置横隔板。

当桥面板采用开口纵向加劲肋时,其初拟间距取 1.2~2.0m;当采用闭口纵向加劲肋时,其初拟间距取 2.0~4.5m。最后依据车辆轮载对面板和加劲肋的局部承压稳定性由计算分析确定。

横隔板的板厚除锚箱局部根据受力及构造的需要予以加厚外,通常取值为 8~10mm。

(3)纵向加劲肋。纵向加劲肋的基本形式有两种,即开口式和闭口式。闭口加劲肋具有较大的抗扭刚度,屈曲稳定性好,常用在箱梁的顶板和底板上。开口加劲肋中的"L"形和倒"T"形有时也用在箱梁的腹板和底板上。至于箱梁两侧的伸臂上一般采用开口加劲肋。

4. 吊索

悬索桥吊索的立面布置有垂直式和斜置式两种形式。迄今国内外绝大部分悬索桥都采用垂直式的吊索。斜吊索存在的主要缺点是:中跨跨中斜吊索易因汽车荷载的变化应力而导致吊索的疲劳破坏,吊索在制作上因难免的误差而易使斜吊索松弛。故目前较少应用。

5. 锚碇

1) 锚碇的组成

(1)锚体。它包括锚块、锚固系统和主缆支架等几个组成部分。它是直接锚固主缆的结构,并与基础一起共同抵抗由主缆拉力产生的锚碇滑移与倾覆。

(2)盖板。又称遮棚,它的作用是覆盖锚块及主缆等,是建立在锚碇基础上的钢筋混凝土或者钢结构的建筑物。如果高程合适,还可以在它的上面修筑路面或在它的内部兼作配电、排水设备等机房之用。

2) 锚体的型式

它主要有重力式和隧道式两种类型。隧道式锚碇一般应用在基岩外露的桥址处,国外已建桥梁中采用这种锚碇型式的也不太多,而大量采用的是重力式锚碇。

6. 鞍座与支座

1) 塔顶鞍座

塔顶鞍座是用以支承主缆,并将主缆的垂直分力传给桥塔。塔顶鞍座主要由鞍槽、座体和底板三大部分组成。

鞍槽在顺桥向呈圆弧状,半径约为主缆直径的 8~12 倍,用来支承主缆束股。鞍槽在横桥向呈台阶状,与主缆束股的圆形排列相适应,台阶宽度与束股尺寸接近。座体是鞍座传递竖向压力的主体,上部与鞍槽连为一体,由一道或两道纵主腹板和多道横肋构成,其下部与底座板相连。底板预先埋置于塔的顶面,起着均匀分布鞍座垂直压力的作用。为了满足悬索桥在施工过程中鞍座的预偏或复位滑移的需要,底板与座体之间需设滑动装置,如辊轴、四氟滑板或其他减摩技术措施。成桥以后,塔顶鞍座便与塔顶固接,因此鞍座下辊轴直径的确定没有像确定一般桥梁支座下的辊轴直径那样严格。

2) 支座

悬索桥加劲梁的支座应具有正的和负的支座反力的功能。常用的支座形式有以下两种。

(1)摇轴式支座。它分为固定支座和活动支座两种。前者由上摇座、下摇座和销子组成,形成铰结构;后者除了在下摇座的下面增加辊轴外,还要在辊轴的两端设置固定块件,以能承受负支座反力。固定块件与地板焊牢,通过锚固螺栓与墩帽固结。

(2)连杆式支座。连杆式支座是两端具有铰的连杆结构,一端连接加劲梁,另一端连接到塔身或桥台上。它对加劲梁的纵向水平位移和转动都是自由的,但对加劲梁的竖向位移和扭转则具有约束作用。按照连杆的主要受力状态可以分为拉力连杆和压力连杆两种支承方式。

(三)悬索桥实例

目前世界上跨度较大的悬索桥排名情况如表3-3所示。

表3-3 世界悬索桥排名

序号	桥名	主跨跨径(m)	建成时间(年)	桥址
1	明石海峡大桥	1 991	1998	日本
2	舟山西堠门大桥	1 650	2009	中国浙江
3	大带桥	1 624	1998	丹麦
4	润扬长江大桥	1 490	2005	中国江苏
5	南京长江四桥	1 418	2012	中国江苏
6	亨伯尔桥	1 410	1981	英国
7	江阴长江大桥	1 385	1999	中国江苏
8	青马大桥	1 377	1997	中国香港
9	韦拉扎诺桥	1 298	1964	美国
10	金门大桥	1 280	1937	美国
11	武汉阳逻长江大桥	1 280	2007	中国湖北

1. 明石海峡大桥

1998年4月5日,目前世界上最长的悬索桥——日本明石海峡大桥正式通车,如图版Ⅳ-7所示。大桥坐落在日本神户市与淡路岛之间,全长3 911m,主桥墩跨度1 991m。两座主桥墩海拔297m,基础直径80m,水中部分高60m。两条主钢缆每条约4 000m,直径1.12m,由290根细钢缆组成,重约5万t。大桥于1988年5月动工,1998年3月竣工。明石海峡大桥首次采用1 800MP级超高强钢丝,使主缆直径缩小并简化了连接构造,首创悬索桥主缆,这也是第一座用顶推法施工的跨谷悬索桥,由著名的法国埃菲尔集团公司承建。

日本明石海峡大桥创造了20世纪世界建桥史的新纪录。大桥按可以承受里氏8.5级强烈地震和抗150年一遇的80m/s的暴风设计。1995年1月17日,日本坂神发生里氏7.2级大地震(震中距桥址才4km),大桥附近的神户市内5 000人丧生,10万幢房屋夷为平地,但该桥经受住了大自然的无情考验,只是南岸的岸墩和锚锭装置发生了轻微位移,使桥的长度增加了0.8m。除地震以外,还必须保证大桥在台风季节能够经受住时速超过200km/h狂风的袭击,为此对桥梁进行了1%模型的风洞试验,在桥塔上安装了20个质量阻尼装置。

2. 润扬长江大桥

润扬长江大桥即镇江—扬州长江公路大桥。润扬长江大桥于2000年10月20日开工建设,跨江连岛,北起扬州,南接镇江,全长35.66km,主线采用双向6车道高速公路标准,设计时速100km/h，工程总投资约53亿元人民币，工期5年，2005年10月1日前建成通车。润扬大桥连接京沪、沪宁、宁杭3条高速公路，并使这3条高速公路和312国道同三国道主干线、上海至成都国道主干线互联互通，成为长江三角地区又一重要的路网枢纽。

该项目主要由南汊悬索桥和北汊斜拉桥组成(图版Ⅳ-8)。南汊桥主桥是单孔双铰钢箱梁悬索桥，索塔高209.9m，两根主缆直径为0.868m，跨径布置为470m+1490m+470m，为当前中国第二、世界第四，桥下最大通航净宽700m、最大通航净高50m，可通行5万t级巴拿马货轮。北汊桥是主双塔双索面钢箱梁斜拉桥，跨径布置为175.4m+406m+175.4m，倒"Y"形索塔高146.9m，钢绞线斜拉索，钢箱梁桥面宽。该桥主跨径1 385m，比江阴长江大桥长105m。

3. 武汉阳逻长江大桥

武汉阳逻长江大桥也称为武汉长江五桥，位于湖北省武汉市，在武汉长江二桥下游约27.19km处，大桥北岸为新洲区阳逻镇，南岸为洪山区向家尾村。大桥设计全长10km，由2.7km主桥、7.3km接线及一处互通式立交桥构成。大桥桥面宽33m，双向6车道、沥青混凝土路面，为全封闭、全立交高速公路特大桥，设计行车速度120km/h。大桥总投资约20亿元人民币，为一跨过江双塔单跨悬索桥型，主跨1 280m(图版Ⅴ-1)，大桥南锚碇基础工程被誉为"神州第一锚"。该桥于2003年11月开始施工，2007年12月26日正式通车。

阳逻长江大桥的混凝土主塔结构采用了别致的"剪刀撑"形式，较传统的"H"形、门形主塔显得更为新颖、美观。主塔钢斜撑的首次采用，一改国内桥塔的横梁模式，丰富了桥梁景观的内涵。针对悬索桥锚碇预应力锚固系统存在的不可更换和耐久性能方面的问题，工程技术人员开发研制出耐久性能好、可检测、可更换、更加安全可靠的新型油脂防腐预应力锚固系统，并获得国家专利。该新锚固系统在国内首次应用于工程实践，探索了一种新的悬索桥锚碇预应力锚固形式。阳逻长江大桥的施工和长期健康监测，采用具有自主知识产权的光纤光栅传感技术，监测桥梁结构关键位置的应力，以及桥梁索力和振动。而光纤光栅传感器能做到和监测对象相同寿命，解决了传统监测手段无法长期稳定监测桥梁安全的问题，为桥梁施工安全提供了有力保障，也为桥梁长期运行的健康状态提供了诊断手段和科学依据。

第二节 道路工程

一、道路网规划与设计

(一)公路网

1. 公路网基本概念

所谓公路网，是指一定地域内的公路系统。在这样的系统中，城市和集镇以及其他运输集散点(大型工矿、农业、军事基地等)可视为一些节点，各节点之间以一定等级的道路相连接，形成网状整体，即构成公路网。公路网应具有必要的通达度和里程长度，要有与交通量相适应的道路技术等级和质量，同时，应具有经济合理、简洁明了的平面网络结构形式。

一个地域内的公路网建设,应该结合铁路、水运、航空及管道等运输方式,综合考虑公路网在整个交通系统中的作用和地位,并按其所在地域的社会、经济、政治和人民生活需要等方面,结合自然环境条件,制定按等级划分的公路网规划。公路网划分从行政方面通常分为国道、省道、县道和乡道,从技术等级方面划分可分为高速公路、一级公路、二级公路、三级公路和四级公路5个级别。不同等级的公路网组合在一起,共同构成区域公路网。此外,一些重要的大型厂矿、林区等也常有自己的道路网并且与外部区域公路网相连接。

制定公路网规划是一项复杂的工作。由于地域内各方面情况的不断变化,例如政治、军事等战略性的变化,国家或地方政府建设发展指导性政策的转变,资源开发,口岸、商埠经济的发展,城乡人民生活水平、生活方式的提高和改变,其他运输方式的发展变化等,都将直接影响到公路网规划的制定和实施。我国的国道规划由国家交通部门掌握,省以下公路规划由各级地方政府交通部门掌握。在制定公路网规划时,应事先充分掌握各方面的资料,进行有充分预见的可行性研究,做出符合地域内发展方向和发展需求的公路网规划,然后有计划、按步骤地分期付诸实现。同时注意在实施过程中不断跟踪检查,根据实际情况对路网、局部或个别路线、路段进行调整。

2. 公路网特性

公路网应具备如下基本特征。

(1) 集合性。区域公路网由点(运输点)和线(公路路线)按一定方式和要求组合而成。根据运输点自身特点(规模、重要性)以及点与点之间的联系强度等因素,公路路线的连接方式及级别亦有所不同,因此构成了不同组合形式及级别的公路网系统。国道网和省道网分别构成全国和省域的公路网主骨架,形成全国和省域的道路交通主动脉,县、乡道路作为上一级道路网的补充和加密,与广大交通集散点直接连接,三者共同组成一个有机整体。公路网的构成及作用可参见表3-4。

表3-4 公路网分级表

网别	区域范围	运输点构成	主要作用
国道网	全国	各省、市、自治区机关所在地,大型工农业基地和重要交通枢纽	在全国范围内沟通各主要运输点的高效快速运输联系
省道网	省、自治区、直辖市	省、自治区、直辖市所辖各县(市)及主要工农业基地和较大交通枢纽	为国道的重要补充,沟通各运输点的运输联系,其中包括相邻区域的横向联系
县、乡道路网	县和相当于县的地区	各县、乡、镇和主要居民密集村,以及相关的工农业基地和车站、码头、渡口等	为上两级路网的补充,深达各主要用户,实现直达门户的公路运输,亦包括与邻县和地区的横向联系

(2) 关联性。组成公路网的所有运输点和路线,构成一个相互联系、相互制约和具有一定规律性的整体。公路网的布局和结构与所在地区的自然条件、经济、政治、军事等诸多因素相

关,满足必需的交通需求,具有良好的整体功能和效益。公路网中任何一个运输点或路线的变动都会对其他相关点、线的作用和效益等产生影响,同时也受到公路网内其他相关点、线的影响和制约。即公路网是一个有机整体,应以全局的、整体的观念处理公路网中的每一个运输点以及它们之间的联系。

(3)目的性。一般情况下,区域公路网的主要功能有:① 满足区域内的道路交通运输需求;② 保证区域内的道路交通便捷、通达、快速、高效;③ 提供安全、舒适的区域道路交通服务;④ 维护生态平衡,注意环境保护。

(4)适应性。公路网规划必须服从于同一区域的交通规划,在区域交通中充分发挥自身的特点和优势,与其他交通形式形成互补,共同承担区域交通需求。同时公路网规划必须与区域国土开发利用和经济发展规划相适应,作为国土开发利用和经济发展的有力支撑。

(二)城市道路网

城市道路网由各类各级城市道路(不包括居住用地内的道路)所组成。城市道路网一经形成,就大体上确定了城市土地利用的发展轮廓。城市道路网规划是城市交通规划的继续。根据城市发展总体规划及城市交通规划对城市各用地分区间的道路交通需求,建立结构合理、主次分明、功能良好、完整通畅的城市道路网络,对促进和加快城市发展具有极其重要的意义。

城市道路网的特点如下。

(1)城市道路网(主要指干路网)构成城市用地的基本骨架。干路网的结构形式使得各地块的使用和发展不可避免地受其影响,因此,城市干路网的规划往往是伴随着城市总体规划而形成并完善。在城市总体规划阶段,就必须对城市干路网做出相应的安排和考虑,以适应城市用地布局需要,而干路网的进一步改善和完善,又将促进和推动城市用地开发建设。

(2)城市道路网功能多样,道路组成复杂。公路网一般只考虑机动车交通,而城市道路网上的交通组成复杂,各种机动车、非机动车、行人共同利用路网实现其出行。城市道路网除了交通功能外,还兼有其他多种功能,如形成城市结构功能、公共空间(公用设施布置空间、通风、采光等)功能、防灾救灾功能等。多种功能的需求对城市道路网提出与公路网不尽相同的要求,如各类各级道路的性质、技术标准、道路横断面形成、交叉点类型等,均应体现城市交通特点。

(3)景观艺术要求高。城市干路网是城市用地的骨架,城市总平面布局是否美观、合理,在很大程度上首先体现在道路网,特别是干路网的规划布局上。有秩序的、富有韵律的、协调的城市道路网络以及道路两侧的建筑物、自然景观、人文景观等将构成一副美好和谐的城市画卷,完善、合理的城市道路网络也从一个侧面体现和反映了城市的精神文明和物质文明程度。

二、交通工程基础知识

道路交通是人、车在道路上的移动。它是由人、车、路及环境组成的一个复杂的动态系统。现代道路交通问题不能单纯在道路工程范围内予以解决,而应以人(驾驶员和行人)为主体、以交通流为中心、以道路为基础,将这3个方面的有关内容统一在道路交通系统中进行研究,综合处理道路交通中人、车、路和环境的关系,以便使人和物的移动达到安全、有效和便利。

(一)交通特性

1. 车辆的交通特性

(1)车辆拥有量。它具体体现了一个城市或一个地区的交通状况,是指研究分析车辆拥有量的变化与时间、人口、社会经济以及道路发展等的关系,并预测其将来的发展。

(2)车辆运行特性。是指研究车辆的机械性能和动力性能与交通安全、经济和效益等之间的关系。

2. 交通流的特性

交通流的运动有其规律性,因而要对描述交通流特征的主要参数如交通量、车速、交通密度等进行研究。只有充分掌握和认识了交通流特性,才有可能进行科学合理的道路交通规划、设计和组织管理。

3. 驾驶员和行人的交通特性

这是指从交通心理学角度研究交通行为者的交通特性以及对道路交通的影响。

4. 道路的交通特性

这是指研究道路交通设施与交通之间的关系,探讨道路规划指标和设计标准如何适应交通的发展和要求。

(二)交通量

1. 定义

交通量是指单位时间内通过道路某一断面(一般为往返两个方向,如特指时可为某一方向或某一车道)的车辆数或行人数,又称交通流量或流量。

2. 分类

按研究的目的不同,交通量可分为以下几类。

1)按交通组成分类

(1)机动车交通量,包括汽车、摩托车、拖拉机等各类机动车辆。

(2)非机动车交通量,这是目前我国交通的重要组成部分,一般有自行车、人力车和畜力车。

(3)折算交通量,将机动车交通量(或非机动车交通量)按一定的折算比例换算成某种标准车型的交通量。

(4)混合交通量,机动车折算交通量与非机动车折算交通量之和。

(5)行人交通量。

2)按单位时间分类

最常用的是小时交通量(辆/小时)或(pcu/h)(以下各单位同此)、日交通量(辆/天),其他按不同用途还有:①秒交通量(又称流率,辆/秒);②5分钟、15分钟交通量(辆/5分钟、辆/15分钟);③信号周期交通量(辆/周期);④白天12小时、16小时交通量(辆/白天12小时,辆/白天16小时),白天12小时一般为7点至19点,白天16小时一般为6点至22点;⑤周、月、年交通量(辆/周、辆/月、辆/年)。

3)按交通量变化分类

由于交通量时刻在变化,为了表示代表性交通量,一般常用平均交通量、最大交通量、高峰小时交通量和第 30 位小时交通量等表示方法。

(1)平均交通量。取某一时间间隔内交通量的平均值作为某一期间交通量的代表。①平均日交通量(ADT):任意期间的交通量累计和除以该期间的总天数;②周平均日交通量(WADT):一周内交通量之和除以 7;③月平均日交通量(MADT):一月内交通量之和除以月天数(28、29、30 或 31);④年平均日交通量(AADT):一年内交通量之和除以全年天数;⑤年平均月交通量(AAMT):一年内交通量之和除以 12。

(2)最高小时交通量。这是在以小时为单位进行观测时所得结果中最高的小时交通量。①高峰小时交通量(PHT):一天 24 小时内交通量最高的某一小时的交通量。一般还分为上午高峰(早高峰)小时和下午高峰(晚高峰)小时,其时刻的区划一般从 n 点到 $n+1$ 点整点划分;②年最高小时交通量:一年内 8 760 小时中交通量最大的某一小时交通量;③第 30 位年最高小时交通量(30HV):一般简称为第 30 个小时交通量。将一年中所有 8 760 小时的小时交通量按顺序从大到小排列时第 30 位的小时交通量。

国外研究表明,将一年 8 760 小时的小时交通量按从大到小顺序绘出变化曲线,可以发现在第 30 位附近曲线的切线斜率会发生很大的变化。从最大值到第 30 位左右的各个小时交通量差别很大、减少的趋势十分明显,而从第 30 位以下则差别较小。

4)设计小时交通量

作为道路设计标准而确定的交通量,即预期到设计年限将使用的设计道路交通量。

(三)车速

车速是车辆行驶的距离对时间的变化率,与物理学中的速度是同一概念。但由于所涉及到的交通问题不同,车速的含义也各有其特定的含义。

1. 车速的分类与定义

(1)地点车速。也称瞬时车速或点车速,指车辆通过道路某一点或某一断面时的瞬间速度。

(2)行驶车速。是车辆通过某路段的行程与有效运行时间(不包括停车损失时间)之比所得的速度,用于评价该路段的线形和通行能力或作经济效益分析之用。

(3)行程车速。又称区间车速,是车辆通过某路段的行程与所用总时间之比,包括有效行驶时间和中途受阻时的停车时间,但不包括公交车辆在起、终点的停歇时间。也是评价道路通畅程度、估计行车延误的依据。行程车速总是低于行驶车速,因此要提高运输效率,必须努力提高行程车速(即应努力缩短受阻停车时间)。

(4)运行车速。是具有一定技术水平的驾驶员,在实际的道路和交通环境条件下所能维持的最大车速,一般不超过设计车速,也可称为实际车速。

(5)临界车速。是道路通过交通量最大时的速度,一般供交通流理论分析时用。

(6)设计车速。是道路几何线形设计所依据的车速。在道路几何设计要素具有控制性的路段上,设计车速是具有平均驾驶水平的驾驶员在天气良好、低交通密度时所能维持的最高安全速度。

2. 车速变化的影响因素

车速的变化特性是反映交通基本特征的一个重要方面,能说明车速在人、路和环境等因素及交通量和交通密度等交通基本参数影响下所产生的变化。

(1)驾驶员条件。车速除与驾驶者的技术水平高低、行车时间长短有关外,还与驾驶者的生理、心理特性有关。

(2)车辆条件。车型和车龄、车况对地点车速有显著影响,载货车的载重量的多少也将对速度产生影响,单辆车、车队及车队的车辆组成也会对速度产生影响。

(3)道路条件。道路类型,平、纵、横线形,坡长,路面类型等对车速有明显的影响,而且地理位置、视距、车道位置、侧向净宽和交叉口也均影响到车速。

(4)环境条件。交通量的大小及组成、时间与气候条件均对车速产生一定的影响。

三、道路平面设计

(一)道路平面线形概述

1. 路线

道路是一条带状的三维空间的实体,由路基、路面、桥梁、涵洞、隧道和沿线附属设施所组成。路线,是指道路中线的空间形态。路线在水平面上的投影线形称作道路的平面线形。而沿中线竖直剖切再沿道路里程展开的立面投影线形则称为道路的纵断面线形。中线上任意一桩号的法向切面是道路在该桩号的横断面。路线设计是指合理确定路线空间位置和各部分几何尺寸的工作。为了设计和研究工作的方便,通常把路线设计分解为路线平面设计、路线纵断面设计和道路横断面设计,三者分别进行,但相互关联,其设计效果需要通过透视图来检验。

无论是公路还是城市道路,其路线位置受社会经济、自然地理和技术条件等因素的制约。设计者的任务就是在调查研究、掌握大量材料的基础上,设计出一条有一定技术标准、满足行车要求、工程费用最省的路线来。在设计顺序上,一般是在尽量顾及到纵、横断面平衡的前提下先定平面,沿这个平面线形进行高程测量和横断面测量,取得地面线和地质、水文及其他必要的资料后,再设计纵断面和横断面。为求得线形的均衡和土石方数量的节省,必要时再修改平面,这样经过几次反复,可望得到一个满意的结果。路线设计的范围,只限于路线的几何性质,不涉及结构。结构设计将在路基路面和桥梁工程等课程中讲述。

2. 平面线形设计的基本要求

(1)汽车行驶轨迹。现代道路的主要服务对象是汽车,所以研究汽车行驶规律是道路设计的基本课题。在路线的平面设计过程中,主要考察汽车的行驶轨迹。只有当平面线形与这个轨迹相符合或相接近时,才能保证行车的顺适与安全,特别是在高速行驶的情况下,对汽车行驶轨迹的研究尤其重要。

经过大量的观测研究表明,汽车行驶轨迹在几何性质上有以下特征:①轨迹线是连续的,即在任何一点上不出现错头、折点或间断;②轨迹线的曲率是连续的,即轨迹上任何一点不出现两个曲率值;③轨迹线的曲率对里程或时间的变化率是连续的,即轨迹上任一点不出现两个曲率变化率值。

(2)平面线形要素。行驶中的汽车其导向轮(或转向轮)旋转面与车身纵轴面之间有下列

3种关系：①夹角角度为零；②夹角角度为常数；③夹角角度为变数。

与上述3种关系对应的行驶轨迹线为：①曲率为零（曲率半径为无穷大）的线形——直线；②曲率为常数（曲率半径为常数）的线形——圆曲线；③曲率为变数（曲率半径为变数）的线形——缓和曲线（回旋线）。

现代道路平面线形正是由上述3种基本几何线形即直线、圆曲线和缓和曲线的合理组合而构成，称之为"平面线形三要素"。在低速道路上，为简化设计，也可以只使用直线和圆曲线两种要素。近代高速公路平面线形也有只用曲线不用直线或者曲线为主直线为辅的工程实例。这就说明平面线形三要素是基本组成，各要素所占比例及使用频率并无统一规定。各要素使用合理、配置得当，均可满足汽车行驶要求。至于它们的参数则要视地形情况和人的视觉、心理、道路技术等级等条件来确定。

（二）直线

1. 直线的特点

作为平面线形要素之一的直线，在公路和城市道路中使用最为广泛。由于两点之间距离以直线为最短，因此一般在选（定）线时，只要地势平坦，无大的地物、地形障碍，选（定）线人员都会首先考虑使用直线。加之笔直的道路给人以简洁、直达的良好印象，在美学上直线也有其自身的视觉特点。汽车在直线上行驶受力简单，方向明确，驾驶操作简易。从测设上看，直线只需定出两点，就可方便地测定方向和距离。拥有这些优点的直线，在道路平面线形设计中经常被采用，并且在其他各种线形工程设计中也都被广泛地应用。

但是，过长的直线对于道路工程来说并不好，尤其对于高速公路。长直线线形大多数情况下难与地物、地形相协调和吻合，若长度运用不当，不仅破坏了道路整体线形的连续性，也不便达到线形设计自身的协调。过长的直线容易使驾驶人员感到单调、疲倦，难以准确目测车间距离，于是产生尽快驶出直线的急躁情绪，一再加速以至超过规定车速，这样很容易导致交通事故的发生。所以在运用直线线形并决定其长度时必须持谨慎态度，不宜采用过长的直线。

2. 直线的运用

（1）下述路段可采用直线。①不受地形、地物限制的平坦地区或山涧谷地，例如戈壁滩、草原、大平原等；②市、镇及其近郊，或规划方正的农耕区等；③长、大桥梁及隧道等构造物路段；④路线交叉点及其前后路段；⑤双车道公路提供超车的路段。

（2）直线的最大长度应有所限制。当采用长的直线线形时，为弥补景观单调之缺陷，应结合沿线具体情况采取相应的技术措施并注意下述问题：①在长直线上纵坡不宜过大，因为长直线加上陡坡下坡行驶很容易导致超速行车；②长直线与大半径凹形竖曲线组合为宜，这样可以使生硬呆板的直线得到一些缓和或改善；③道路两侧地形过于空旷时，宜采取植不同树种或设置一定建筑物、雕塑、广告牌等措施，以改善单调的景观；④直线尽头的平曲线，除曲线半径、超高、加宽、视距等必须符合规定外，还必须采取设置标志、增加路面抗滑能力等安全措施。

（三）圆曲线

1. 圆曲线的几何元素

各级公路和城市道路不论转角大小均应设置平曲线，而圆曲线是平曲线中的主要组成部分。路线平面线形中常用的单曲线、复曲线、回头曲线等一般均包含圆曲线。圆曲线具有易与地形相适应、可循性好、线形美观、易于测设等优点,运用十分普遍。

四级公路可以不设缓和曲线,其他各级公路当曲线半径大于或等于"不设缓和曲线的半径"时也可不设缓和曲线,所以此类弯道的平曲线中只有圆曲线。圆曲线几何元素的计算公式为

$$T = R\tan\frac{\alpha}{2}$$

$$L = \frac{\pi}{180}\alpha R$$

$$E = R(\sec\frac{\alpha}{2} - 1)$$

$$J = 2T - L$$

式中:T 为切线长(m);L 为曲线长(m);E 为外距(m);J 为超距或校正值(m);R 为圆曲线半径(m);α 为转角(°)。

行驶在平面圆曲线上的汽车由于受离心力作用,其横向稳定性(横向滑动或者横向倾覆)受到影响,而离心力的大小又与圆曲线半径密切相关,半径愈小愈不利,所以在选择圆曲线半径时应尽可能采用较大的值,只有在地形或其他条件受到限制时可使用较小的曲线半径。为了行车的安全与舒适,《公路工程技术标准》《公路路线设计规范》和《城市道路设计规范》规定了圆曲线半径在不同情况下的最小值。圆曲线半径计算公式如下

$$R = \frac{V^2}{127(\mu + i_h)} \tag{3-1}$$

式中:R 为圆曲线半径(m);μ 为路面与轮胎之间的横向摩阻系数;V 为设计速度(km/h);i_h 为超高值。

1)关于横向力系数 μ

横向力的存在对行车产生种种不利影响,μ 越大越不利,表现在以下几个方面。

(1)危及行车安全。汽车能在弯道上行驶的基本前提是轮胎不在路面上横向滑移,这就要求横向力系数 μ 低于轮胎与路面之间的横向摩阻系数 f,即

$$\mu \leqslant f \tag{3-2}$$

f 与车速、路面种类及干湿状态等有关。一般在干燥路面上为 0.4~0.8;在潮湿的黑色路面上汽车高速行驶时,降低到 0.25~0.40;路面结冰和积雪时,降到 0.2 以下;在光滑的冰面上可降到 0.06(不加防滑链)。

(2)增加驾驶操纵的困难。弯道上行驶的汽车,在横向力作用下,弹性的轮胎会产生横向变形,使轮胎的中间平面与轮迹前进方向形成一个横向偏移角。它的存在增加了汽车在方向操纵上的困难,特别是车速较高时。经验表明,横向偏移角超过 5°时,司机就不易保持驾驶方向的稳定。

(3)增加燃料消耗和轮胎磨损。μ 的存在使得行驶车辆的燃料消耗和轮胎磨损增加。国外有关的实测资料如表 3-5 所示。

(4)行旅不舒适。μ 值过大,汽车不仅不能连续稳定行驶,有时还需要减速。在曲线半径小的弯道上司机要尽量大回转,否则容易驶离车道发生事故。当 μ 超过一定数值时,司机就要注意采用增加汽车稳定性的措施,这一切都会增加驾驶者在弯道行驶中的紧张感。对于乘客来说,μ 值的过大,会使人感到不舒适。据实验,乘客随 μ 的变化其心理反应如下。

表 3-5 国外有关的实测资料

横向力系数 μ	燃料消耗(%)	轮胎磨损(%)
0	100	100
0.05	105	160
0.10	110	220
0.15	115	300
0.20	120	390

当 $\mu<0.10$ 时,不感到有曲线存在,很平稳;
当 $\mu=0.15$ 时,稍感到有曲线存在,尚平稳;
当 $\mu=0.20$ 时,已感到有曲线存在,稍感不稳定;
当 $\mu=0.35$ 时,感到有曲线存在,不稳定;
当 $\mu\geqslant0.40$ 时,非常不稳定,有倾车的危险感。

一些研究报告指出:μ 的舒适界限,由 0.11 到 0.16 随行车速度而变化,设计中对高、低速路可取不同的数值,通常高速路取较低值,低速路取较高值。

2)关于最大超高 $i_{h(\max)}$

在车速较高的情况下为了平衡离心力要用较大的超高,但道路上行驶车辆的速度并不一致,特别是在混合交通的道路上,不仅要照顾快车,也要考虑到慢车的安全。对于慢车,乃至因故暂停在弯道上的车辆,其离心力接近于 0。如超高率过大,超出轮胎与路面间的横向摩阻系数 f,车辆有沿着路面最大合成坡度下滑的危险,因此必须满足

$$i_{h(\max)} \leqslant f \tag{3-3}$$

确定最大超高横坡度除根据道路所在地区的气候条件外,还必须给予驾驶者和乘客以心理上的安全感。对山岭重丘区、城镇附近、道路交叉口以及有相当数量非机动车的道路,最大超高横坡度要比其他道路小一些。

我国《公路工程技术标准》对公路最大超高的规定为:高速公路、一级公路的超高横坡度不应大于 10%,其他各级公路不应大于 8%,积雪冰冻地区最大超高横坡度不宜大于 6%。《城市道路设计规范》规定的城市道路最大超高横坡度见表 3-6。

表 3-6 城市道路最大超高横坡度

计算行车速度(km/h)	80	60、50	40、30、20
最大横坡度(%)	6	4	2

(四)缓和曲线

缓和曲线是道路平面线形要素之三,是设置在直线与圆曲线之间或半径相差较大的两个转向相同的圆曲线之间的一种曲率连续变化的曲线。《公路工程技术标准》规定,除四级路可不设缓和曲线外,其余各级公路都应按要求设置缓和曲线。在现代高速公路上,有时缓和曲线

所占的比例超过了直线和圆曲线,成为平面线形的主要组成部分。在城市道路上,缓和曲线也被广泛地使用,《城市道路设计规范》规定当设计车速大于或等于40km/h时应按要求设置缓和曲线。下面就缓和曲线的性质、参数、长度、设计方法等加以讨论。

1. 缓和曲线的作用

(1)曲率连续变化,便于车辆遵循。汽车在转弯行驶的过程中,自然会形成一条曲率连续变化的轨迹,无论车速高低这条轨迹都是客观存在的,它的形式和长度则随行车速度、曲率半径和驾驶人员转动方向盘的快慢而定。在低速行驶时,不设缓和曲线,驾驶人员尚可利用路面的富余宽度在一定程度上把汽车保持在车道范围之内,缓和曲线似乎没有必要,但在高速行驶或曲率急变时,汽车则有可能超越自己的车道驶出一条很长的曲率渐变轨迹。从安全的角度出发,有必要设置一条驾驶者易于遵循的路线平面线形,使车辆进入或离开圆曲线时不致侵入邻近的车道,这便是缓和曲线。

(2)离心力逐渐变化,旅客感觉舒适。汽车行驶在曲线上产生离心力,离心力的大小与曲线的曲率成正比,与曲率半径成反比。汽车由直线驶入圆曲线或者由圆曲线驶入直线,或者不同半径圆曲线之间的过渡,由于曲率的突变使得离心力的产生和消失也会是突变的,从而给驾驶人员和乘客带来极不舒适的感觉。所以应该设置一条过渡性的曲线让离心力逐渐变化,减少"横向冲击"的感觉。

(3)超高横坡度逐渐变化,行车更加平稳。车行道从直线上的双坡断面过渡到圆曲线上的单坡断面,车辆必然会出现一个横向上的摆动。为避免车辆急剧地左右摇摆,设置一定长度的"超高过渡段"是完全必要的。通常设置缓和曲线时,其长度考虑了"超高过渡段"的要求,也就是说超高过渡是在缓和曲线内完成的。

(4)与圆曲线配合得当,增加线形美观。圆曲线与直线径相连接,其曲率是突变的,在视觉上有明显不平顺的感觉。设置缓和曲线以后,线形连续圆滑,增加了线形的透视美,同时驾驶人员也会感到更安全。

2. 缓和曲线的省略

在直线和圆曲线之间设置缓和曲线后,圆曲线在原来与直线相切的基础上产生了一个内移值 p,在缓和曲线长度 L_s 一定的情况下,p 与圆曲线半径成反比,当 R 大到一定程度时,p 值甚微,即使直线与圆曲线径相连接,汽车也能完成缓和曲线的行驶,因为在路面的富余宽度中已经包含了这个内移值。所以《公路路线设计规范》规定,在下列情况下可不设回旋线。

(1)在直线与圆曲线间,当圆曲线半径大于或等于"不设超高的最小半径"时。

(2)半径不同的同向圆曲线径向连接处,当小圆半径大于或等于"不设超高的最小半径"时。

(3)半径不同的同向圆曲线径向连接处,小圆半径大于表3-7"小圆临界曲线半径"中所列半径,且符合下列条件之一时:①小圆曲线按规定设置相当于最小回旋线长的回旋线时,其大圆与小圆的内移值之差不超过0.1m;②计算行车速度大于或等于80km/h时,大圆半径与小圆半径之比小于1.5;③计算行车速度小于80km/h时,大圆半径与小圆半径之比小于2。

《城市道路设计规范》规定,受地形限制并符合下述条件之一时,可省略缓和曲线:①小圆半径大于或等于不设缓和曲线的最小圆曲线半径;②小圆半径小于不设缓和曲线的最小圆曲线半径,但大圆与小圆的内移值之差小于或等于0.1m;③大圆半径与小圆半径之比小于或等于1.5。

表 3-7 公路复曲线中的小圆临界曲线半径

公路等级	高速公路				一级公路		二级公路		三级公路	
地形	平原微丘	重丘	山岭		平原微丘	山岭重丘	平原微丘	山岭重丘	平原微丘	山岭重丘
设计车速 (km/h)	120	100	80	60	100	60	80	40	60	30
临界半径 (m)	2 100	1 500	900	500	1 500	500	900	250	500	130

(五)平面线形设计

平面线形设计一般原则有以下几点。

1. 平面线形简捷、连续,与地形、地物相适应,与周边环境相协调

在地势平坦开阔的平原微丘区,路线受地形限制较少,平面线形设计时"三要素"中的直线所占比例通常较大。而在地势有很大起伏的山岭和重丘区,路线受地形限制较大,弯道较多,"三要素"中圆曲线和缓和曲线所占比例自然较大。可以设想,如果在没有任何障碍物的开阔地区(如戈壁、草原)故意设置一些不必要的弯道,或者在高低起伏的山岭重丘区强求长直线都将给人以不协调的感觉。路线要与地形、地貌相适应,这既是美学问题,也是经济问题和保护生态的问题。直线、圆曲线、回旋线的选用与合理组合取决于地形、地物等具体条件,片面强调路线要以直线为主或以曲线为主,或人为规定三者的比例都是错误的。

2. 在满足行驶力学基本要求的前提下,高速路还应尽量满足视觉和心理上的要求

高速公路、一级公路以及设计车速大于或等于60km/h的公路和城市道路,应注重立体线形设计,尽量做到线形连续、指标均衡、视觉良好、景观协调、安全舒适。计算行车速度愈高,线形设计所要考虑的因素应愈周全。

设计车速小于或等于40km/h的道路,首先应在保证行车安全的前提下,正确地运用平面线形要素最小值,在条件允许、不过多增加工程量的情况下力求做到各种线形要素的合理组合,并尽量避免和减轻不利的组合,以期充分发挥投资效益。

3. 保持平面线形的均衡与连贯

为使一条道路上的车辆尽量以均匀的速度行驶,应注意各线形要素保持连续性而不出现技术指标的突变。以下几点在设计时应充分注意。

(1)长直线尽头不能接一小半径曲线。长的直线和长的大半径曲线会导致较高的车速,若突然出现小半径曲线,会因减速不及时而造成事故。特别是在下坡方向的尽头更要注意。若由于地形所限,小半径曲线难以避免时,中间应插入中等曲率的过渡性曲线,并使纵坡不要过大。

(2)高、低标准之间要有过渡。同一等级的道路由于地形的变化在指标的采用上也会有变化。或同一条道路按不同计算行车速度的各设计路段之间也会形成技术标准的变化。遇有这种高、低标准变化的路段,除满足有关设计路段长度的要求外,还应结合地形的变化,使路线的平面线形指标逐渐过渡,避免出现突变。不同标准路段相互衔接的地点,应选在交通量发生变化处,或者驾驶人员能够明显判断前方需要改变行车速度的地方。

4. 应避免连续急弯的线形

连续急弯的线形会给驾驶者造成极大不便,给乘客的舒适性也带来不良影响。设计时可在曲线间插入足够长的直线或回旋线加以过渡。

5. 平曲线应有足够的长度

平曲线太短及汽车在曲线上行驶时间过短会使驾驶操作来不及调整,所以规范规定了平曲线(包括圆曲线及其两端的缓和曲线)最小长度,如表3-8至表3-11所示。

道路弯道在一般情况下是由缓和曲线1(或超高、加宽缓和段1)、圆曲线、缓和曲线2(或超高、加宽缓和段2)组成。缓和曲线的长度不能小于规范对其最小长度的规定,中间圆曲线的长度也宜大于3s行程,当条件受限时,可将缓和曲线1、缓和曲线2在曲率相等处直接连接,此时的圆曲线长度等于0,形成凸形平曲线。

路线转角的大小反映了路线的舒顺程度,通常认为路线转角小一些好。但是假如曲线转角过小,由于人的视觉生理现象,即使设置了较大的半径也容易把曲线长度看成比实际的要短,造成急转弯的错觉。这种倾向转角越小越明显,常常造成驾驶者枉作减速转弯的操作。

国内外经验一般认为平曲线转角小于或等于7°应属小转角弯道。对于小转角弯道应设置较长的平曲线,其长度符合表3-9、表3-11要求的"一般值"。

表3-8 各级公路平曲线最小长度

公路等级	高速公路				一级公路		二级公路		三级公路		四级公路	
地形	平原微丘	重丘	山岭		平原微丘	山岭重丘	平原微丘	山岭重丘	平原微丘	山岭重丘	平原微丘	山岭重丘
设计车速(km/h)	120	100	80	60	100	60	80	40	60	30	40	20
平曲线最小长度(m)	200	170	140	100	170	100	140	70	100	50	70	40

表3-9 公路转角≤7°时的最小平曲线长度

公路等级		高速公路				一级公路		二级公路		三级公路		四级公路	
地形		平原微丘	重丘	山岭		平原微丘	山岭重丘	平原微丘	山岭重丘	平原微丘	山岭重丘	平原微丘	山岭重丘
设计车速(km/h)		120	100	80	60	100	60	80	40	60	30	40	20
平曲线长度(m)	一般值	$1400/\theta$	$1200/\theta$	$1000/\theta$	$700/\theta$	$1200/\theta$	$700/\theta$	$1000/\theta$	$500/\theta$	$700/\theta$	$350/\theta$	$500/\theta$	$280/\theta$
	低限值	200	170	140	100	170	100	140	70	100	50	70	40

注:表中的θ为路线转角(°),当$\theta<2°$时,按$\theta=2°$计。

表 3-10　城市道路平曲线与圆曲线最小长度

设计车速(km/h)	80	60	50	40	30	20
平曲线最小长度(m)	140	100	85	70	50	40
圆曲线最小长度(m)	70	50	40	35	25	20

表 3-11　城市道路小转角平曲线最小长度

设计车速(km/h)	80	60	50	40	30	20
平曲线最小长度(m)	$1000/\theta$	$700/\theta$	$600/\theta$	$500/\theta$	$350/\theta$	$280/\theta$

注：表中的 θ 为路线平角(°)，当 $\theta<2°$ 时，按 $\theta=2°$ 计。

四、道路纵断面设计

沿道路中线竖直剖切再沿道路里程展开的立面投影线形，称作道路的纵断面线形。在道路纵断面上主要有两条线形，一条是道路纵断面设计线，另一条是道路纵断面地面线。由于自然因素的影响以及经济性要求，道路纵断面设计线总是一条与地面线相符合、连绵起伏的二维曲线。纵断面设计的主要任务就是根据汽车的动力特性、道路等级、当地的自然地理条件以及工程经济性等，研究这条二维曲线几何构成的大小及长度，以便达到行车安全迅速、工程和运输经济合理及乘客感觉舒适的目的。

在纵断面图上有两条主要的连续线形：一条是地面线，它是根据中线上各桩点的地面高程而点绘的一条不规则的折线，反映了沿着道路中线的地面起伏变化情况；另一条是设计线，它是经过技术上、经济上以及美学上等多方面比较后定出的一条具有规则形状的几何线形，反映了道路路线的起伏变化情况。纵断面设计线是由直线和竖曲线组成的。直线（即均匀坡度线）有上坡和下坡之分，是用坡度和坡长（水平长度）表示的。直线的坡度和长度影响着汽车的行驶和运输的经济性以及行车的安全，它们的一些临界值的确定和必要的限制，是以道路上行驶的汽车类型及其行驶状况来决定的。

为平顺地在直线的坡度转折处（变坡点）过渡，需要设置竖曲线。竖曲线按坡度转折形式的不同，分凸形竖曲线和凹形竖曲线，其大小用曲线半径和曲线长（水平长度）表示。

(一)纵坡设计

1. 纵向设计的一般要求

为使纵坡设计经济合理，必须在全面掌握勘测资料的基础上，结合选(定)线的纵坡安排意图，经过综合分析、反复比较才能定出设计纵坡。纵坡设计的一般要求有以下几点。

(1)纵坡设计必须满足《公路工程技术标准》和《城市道路设计规范》的有关规定。

(2)为保证车辆能以一定速度安全顺利行驶，纵坡应具有一定的平顺性，起伏不宜过大、过于频繁。尽量避免采用极限最大纵坡，合理安排缓和坡段，不宜连续采用极限长度的陡坡夹最短长度的缓坡。在连续上坡或下坡路段,应避免设置反坡段。公路越岭线垭口附近的纵坡应尽量缓一些。

(3)纵坡设计应对沿线地形、地下管线、地质、水文、气候和排水等因素综合考虑,视具体情况合理处理道路、管线、地下水位等的高程关系,以保证道路路基的稳定性与强度。

(4)一般情况下道路纵坡设计应考虑路基工程的填、挖方平衡,尽量使挖方运作就近路段填方,以减少借方和废方量,从而降低工程造价和节省道路用地。

(5)由于平原微丘区地下水位较高,池塘、湖泊分布较广,水系较发达,因此道路纵坡设计时,除应满足最小纵坡要求外,还应满足最小填土高度要求,以保证路基稳定性。

(6)对连接段纵坡,如大、中桥引道及隧道两段接线等,纵坡应和缓,避免产生突变,否则会影响行车的平顺性和视距。另外,在交叉口前后的道路纵坡应平缓一些,一是考虑安全,二是考虑交叉口竖向设计。

(7)在实地调查的基础上,公路应充分考虑通道、农田水利等方面的要求,城市道路应充分考虑管线综合的要求。

2. 最大纵坡

最大纵坡是指在纵坡设计时各级道路允许采用的最大坡度值。它是道路纵断面设计的重要控制指标。在地形起伏较大地区,直接影响路线的长短、使用质量、运输成本及造价。

各级道路允许的最大纵坡是根据当前具有代表性标准车型的汽车动力特性、道路等级、自然条件以及工程、运营经济因素,通过综合分析、全面考虑,合理确定的。

道路上行驶的车型较多,各种汽车的爬坡性能和车速不尽相同。小客车的爬坡性能和行驶速度受纵坡的影响较小,而载重汽车随纵坡的加大车速显著下降,这对正常行驶的车流会造成一定的交通阻塞,直接影响道路的通行能力和行车安全。所以,在确定道路最大纵坡度时应以国产典型载重汽车作为标准车型。

应当指出,确定道路最大纵坡不能只考虑汽车的爬坡性能,还要看汽车在纵坡上行驶时是否快速、安全、经济等。我国《公路工程技术标准》在规定最大纵坡时,对汽车在坡道上行驶情况进行了大量调查、试验,并广泛征求了各有关方面特别是驾驶人员的意见,同时考虑了汽车带拖挂车以及畜力车通行的情况,结合交通组成、汽车性能、工程费用和营运经济等,经综合分析研究后确定了道路最大纵坡度。各级公路最大纵坡的规定如表 3-12 所示。城市道路机动车道最大纵坡如表 3-13 所示。

表 3-12 各级公路最大纵坡

公路等级	高速公路				一级公路		二级公路		三级公路		四级公路	
地 形	平原微丘	重丘	山岭		平原微丘	山岭重丘	平原微丘	山岭重丘	平原微丘	山岭重丘	平原微丘	山岭重丘
设计车速 (km/h)	120	100	80	60	100	60	80	40	60	30	40	20
最大纵坡(%)	3	4	5	5	4	6	5	7	6	8	6	9

表 3-13 城市道路机动车道最大纵坡

设计车速(km/h)	80	60	50	40	30	20
最大纵坡限制值(%)	6	7		8	9	
最大纵坡推荐值(%)	4	5	5.5	6	7	8

注：①海拔 3 000~4 000m 的高原城市道路的最大纵坡度推荐值按表列值减小 1%；
②积雪寒冷地区最大纵坡度推荐值不得超过 6%。

3. 最小纵坡

为使行车快速、安全和通畅，一般希望道路纵坡设计得小一些为好。但是，在长路堑、低填方以及其他横向排水不通畅路段，为保证排水要求，防止积水渗入路基而影响其稳定性，均应设置不小于 0.3% 的最小纵坡，一般情况下以不小于 0.5% 为宜。

当必须设计平坡或纵坡小于 0.3% 时，边沟应做纵向排水设计。在弯道超高横坡渐变段上，为使车行道外侧边缘不出现反坡，设计最小纵坡不宜小于超高允许渐变率。

路堤、干旱少雨地区道路最小纵坡可不受上述限制。

4. 坡长限制

坡长是指边坡点间的水平直线距离，坡长限制包括最小坡长和最大坡长两个方面。

坡长限制，主要是指对较陡纵坡的最大长度和一般纵坡的最小长度加以限制。

(1) 最大坡长。道路纵坡的大小及其坡长对汽车正常行驶影响很大。纵坡越陡，坡长越长，对行车影响也越大。主要表现在：①使行车速度显著下降，甚至要换较低排档克服坡度阻力；②易使水箱"开锅"，导致汽车爬坡无力，甚至熄火；③下坡行驶制动次数频繁，易使制动器发热而失效，甚至造成车祸。

事实上，影响最大坡长的因素很多，比如海拔高度、装载、油门开启程度、滚动阻力系数及档位等。要从理论上确切计算由希望速度到允许速度的最大坡长是困难的，必须结合试验调查资料综合研究后确定。《公路路线设计规范》和《城市道路设计规范》规定最大坡长如表 3-14 和表 3-15 所示。

表 3-14 各级公路纵坡长度限制

公路等级		高速公路(m)				一级公路(m)		二级公路(m)		三级公路(m)		四级公路(m)	
设计车速(km/h)		120	100	80	60	100	60	80	40	60	30	40	20
纵坡坡度(%)	3	900	1 000	1 100	1 200	1 000	1 200	1 100					
	4	700	800	900	1 000	800	1 000	900	1 100	1 000	1 100	1 100	1 200
	5		600	700	800		800	700	900	800	900	900	1 000
	6			500	600				700	600	700	700	800
	7								500		500		600
	8										300		400
	9												200

表 3-15 城市道路纵坡长度限制值

设计车速(km/h)	80			60			50			40		
纵坡坡度(%)	5	5.5	6	6	6.5	7	6	6.5	7	6.5	7	8
纵坡限制长度(m)	600	500	400	400	350	300	350	300	250	300	250	200

高速公路、一级公路当连续上坡由几个不同坡度值的坡段组合而成时,应对纵坡长度受限制的路段采用平均坡度法进行验算。

对计算行车速度小于或等于80km/h的道路,当连续纵坡大于坡长限值时,应在不大于表3-14和表3-15所规定长度处设缓和坡段。

(2)最小坡长。最小坡长的限制主要是从汽车行驶平顺性的要求考虑的,如果坡长过短,使道路纵向变坡点增多,汽车行驶在连续起伏路段产生的超重与失重的变化频繁,会导致乘客感觉不舒适,车速越高越感突出。其次,从缓坡的加速(上坡)和减速(下坡)功能的发挥来看,坡长太短则作用不大。最后从路容美观、相邻两竖曲线的设置和纵断面视距等方面来看,也要求坡长必须具有一定的最小长度。

《公路工程技术标准》和《城市道路设计规范》规定,各级道路最短坡长应按表3-16和表3-17选用,同时不得小于两相邻竖曲线的切线长。在平面交叉口、立体交叉的匝道以及过水路面地段,最小坡长可不受此限。

表 3-16 各级公路最小坡长

公路等级	高速公路				一级公路		二级公路		三级公路		四级公路	
设计车速(km/h)	120	100	80	60	100	60	80	40	60	30	40	20
最小坡长(m)	300	250	200	150	250	150	200	120	150	100	100	60

表 3-17 城市道路最小坡长

设计车速(km/h)	80	60	50	40	30	20
最小坡长(m)	290	170	140	110	85	60

(二)竖曲线设计

在纵断面设计线上两个坡段的转折处,为了便于行车用一段曲线来缓和,这条曲线称为竖曲线。

竖曲线的形式可采用抛物线或圆曲线,在使用范围内二者几乎没有差别,但在设计和计算上,抛物线比圆曲线更方便。这里只介绍二次抛物线型竖曲线。

由于在纵断面上只计水平距离和竖直高度,斜线不计角度而计坡度,因此,竖曲线的切线长与曲线长是其水平面上的投影,切线支距是竖直的高程差,相邻两坡度线的交角用坡度差表示。

1. 竖曲线要素的计算公式

取 XOY 坐标系如图 3-12 所示,设变坡点相邻两坡段纵坡坡度分别为 i_1 和 i_2,它们的代数差用 ω 表示,即 $\omega = i_2 - i_1$,当 ω 为"正"时,表示凹形竖曲线;当 ω 为"负"时,表示凸形竖曲线。二次抛物线竖曲线基本方程式为

$$y = \frac{\omega}{2L}x^2 + i_1 x \quad \text{或} \quad y = \frac{1}{2R}x^2 + i_1 x \tag{3-4}$$

式中:ω 为变坡点处前后两纵坡线的坡度差(%);L 为竖曲线长度(m);R 为竖曲线半径(m)。

竖曲线诸要素计算公式为

竖曲线长度 $L:L = R|\omega|$ \tag{3-5}

竖曲线半径 $R:R = L/|\omega|$ \tag{3-6}

竖曲线切线长 $T:T = L/2$ \tag{3-7}

竖曲线任一点竖距 $h:h = \dfrac{x^2}{2R} \quad (x \leqslant L)$ \tag{3-8}

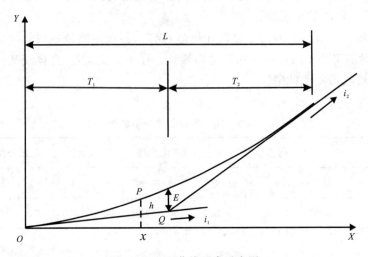

图 3-12 竖曲线要素示意图

2. 竖曲线的最小半径

在纵断面设计中,竖曲线的设计要受到许多因素的限制,其中有 3 个限制因素决定着竖曲线的最小半径或最小长度。

(1)缓和冲击。汽车在竖曲线上行驶时,产生径向(这里是垂直方向)离心力。在凹形竖曲线上这个力与重力方向一致,是增重(人的感觉为超重);在凸形竖曲线上这个力与重力方向相反,是减重(人的感觉为失重)。这种增重与减重达到某种程度时,驾驶人员和乘客就有不舒服的感觉,同时对汽车的悬挂系统也有不利影响,所以在确定道路竖曲线半径时,应该对离心力(或离心加速度)加以控制。

(2)时间行程不过短。汽车从直道行驶到竖曲线上,尽管竖曲线半径较大,如果其长度过短,汽车呼啸而过,乘客同样会感到不舒适。因此,应限制汽车在竖曲线上的行程时间不能过短,最短应满足 3s 行程,即

$$L_{\min}=vt=\frac{V}{3.6}\cdot 3=\frac{V}{1.2}(\text{m}) \tag{3-9}$$

(3)满足视距的要求。汽车行驶在凸形竖曲线上,如果半径太小,道路的凸起部分会阻挡司机的视线。为了行车安全,对凸形竖曲线的最小半径或最小长度还应从保证视距的角度加以限制。

汽车行驶在凹形竖曲线上时,也同样存在视距问题。比如,在地形起伏较大地区的道路上,夜间行车时,若竖曲线半径过小,前车灯照射距离近,可能造成视距不足而影响行车速度和安全。又比如在高速公路及城市道路上有许多跨线桥、门式交通标志及广告宣传牌等,如果它们正好处在凹形竖曲线上方,也会影响驾驶员的视线。

总之,无论是凸形竖曲线还是凹形竖曲线都要受到上述3种因素的控制。需要明确的是,哪一种限制因素为最不利的情况,哪一种才是有效控制因素。就凸、凹竖曲线来说,其控制因素是不一样的。

(三)爬坡车道

爬坡车道是陡坡路段正线行车道外侧增设的供载重车行驶的专用车道,主要用在公路上。

在道路纵坡较大的路段上,载重车爬坡时需克服较大的坡度阻力,使得输出功率与车重之比值降低、车速下降,导致大型车与小型汽车的速差变大、超车频率增加,对行车安全不利。车速差较大的车辆混合行驶,必将减小快车的行驶自由度,导致整个道路通行能力降低。为了消除上述种种不利影响,宜在陡坡路段增设爬坡车道,把载重车从正线车流中分离出去,让载重车在爬坡车道上以自身可能达到的车速行驶,提高道路正线上快车行驶的自由度,从而保证路段行车的安全性,增加路段的通行能力。

一般讲,最理想的是路线纵断面本身就应按不需设置爬坡车道的条件来设计纵坡。但是这样做,在某些地段往往会造成路线迂回或路基高填深挖,增加工程费用。而采用稍大的道路纵坡值,增设爬坡车道,则可能产生既经济又安全的效果。需要说明的是,设置爬坡车道并非是最好措施,解决问题的根本途径还在于精选路线,定出纵坡值较小而又经济实用的路线。

我国《公路路线设计规范》规定:高速公路、一级公路纵坡长度限制的路段,应对载重汽车上坡行驶速度的降低值和设计通行能力进行验算,符合下列情况之一者,可在上坡方向行车道右侧设置爬坡车道。

表3-18　公路上坡方向允许最低车速

设计车速(km/h)	120	100	80	60
最低车速(km/h)	60	55	50	40

(1)沿上坡方向载重汽车的行驶速度降低到表3-18的允许最低速度以下时,可设置爬坡车道。

(2)上坡路段的设计通行能力小于设计小时交通量时,应设置爬坡车道。爬坡车道的设计通行能力的计算方法与正线的通行能力计算方法相同。对需设置爬坡车道的路段,应与改善正线纵坡不设爬坡车道的方案进行技术经济比较;对隧道、大桥、高架构造物及深挖路段,当因设置爬坡车道使工程费用增加很大时,经论证爬坡车道可以缩短或不设;对双向6车道高速公路可不另设爬坡车道,将外侧车道作为爬坡车道使用。

对于山岭地区的高速公路,由于地形复杂,纵坡设计控制因素较多,计算行车速度一般在80km/h以下。是否设置爬坡车道,必须在上述基本条件下,对公路建设的目的、服务水平、工程建设投资规模等综合分析比较后确定。

(四)纵断面设计的一般原则

进行道路纵坡设计时,一般应遵循以下原则。

(1)应满足纵坡及竖曲线的各项规定(最大纵坡、坡长限制、坡段最小长度、竖曲线最小半径及竖曲线最小长度等)。

(2)坡长应均匀平顺。纵坡尽量平缓,起伏不宜过大和频繁;变坡点处尽量设置大半径竖曲线,尽量避免极限纵坡值;缓和段配合地形布设;垭口处纵坡尽量放缓;越岭线应尽量避免设置反坡段(升坡段中的下坡损失)。城市道路还应考虑非机动车道及自行车的行驶,桥上纵坡宜不大于3%。

(3)设计标高的确定应结合沿线自然条件如地形、土壤、水文、气候等因素综合考虑。例如:为利于路面及边沟排水,最小纵坡以不小于0.5%为宜;城市道路纵坡小于0.3%时应做锯齿形街沟设计;沿线路线标高应在设计洪水位0.5m以上,并计入壅水高度及浪高的影响;稻田低湿路段还应有最小填土高度的保证。

(4)纵断面的设计盈余平面线形和周围地形景观相协调,即应考虑人体视觉心理上的要求,按照平竖曲线相协调及半径的均衡来确定纵断面的设计线。

(5)应争取填挖平衡,尽量移挖作填,以节省土石方量,降低工程造价。

(6)依路线的性质要求,适当照顾当地民间运输工具、农业机械、农田水利等方面的要求。

(7)城市道路的纵坡及设计标高的确定,还应考虑沿线两侧街坊地坪标高及保证地下管线最小覆土深度的要求。

(五)纵断面设计的方法和步骤

1. 纵断面设计的方法

纵坡设计前,在路线位置拟定后,应先根据中桩的桩号和地面标高绘出纵断面图的地面线及平面线一栏;然后按选线意图决定控制点及其高程,考虑填挖等工程经济及与周围地形景观的协调,综合考虑平、纵、横3个方面试定坡度线;再对照横断面检查核对,确定纵坡值,定出竖曲线半径,计算设计标高,完成纵断面图。

2. 纵断面设计步骤

(1)准备工作。纵坡设计(俗称拉坡)之前在厘米绘图纸上,按比例标注里程桩号和标高,点绘地面线,填写有关内容。同时收集和熟悉有关资料,并领会设计意图和要求。

(2)标注控制点。控制点是指影响纵坡设计的标高控制点。如路线起、终点,越岭垭口,重要桥涵,地质不良地段的最小填土高度,最大挖深,填、挖平衡点(也称经济点),沿溪线的洪水位,隧道进出口,平面交叉和立体交叉点,铁路道口,城镇规划控制标高以及受其他因素限制路线必须通过的标高控制点等。

(3)试坡。在已标出"控制点"的纵断面图上,根据技术指标、选线意图,结合地面起伏变化,在这些点位间进行穿插与取值,试定出若干直坡线。对各种可能坡度线方案反复比较,最后确定出既符合技术标准,又满足控制点要求,且土石方较省的设计线作为初定坡度线,将前后坡度线延长交会定出变坡点的初步位置。

(4)调整坡度线。将所定坡度线与选线时坡度线的安排相比较,二者应基本相符,若有较大差异时应全面分析,权衡利弊,决定取舍。然后对照技术标准检查设计的最大纵坡、最小纵坡、坡长限制等是否满足规定,平、纵组合是否适当,路线交叉、桥隧和接线等处的纵坡是否合理等。若有问题应进行调整。调整方法是对初定坡度线平抬、平降、延伸、缩短或改变坡度值。

(5)核对。选择有控制意义的重点横断面,如高填深挖、地面横坡较陡路基、挡土墙、重要桥涵以及其他重要控制点等,在纵断面图上直接读出对应桩号的填、挖高度,用路基设计"模板"在横断面图上"戴帽子",检查是否有填、挖过大,坡脚落空或过远,挡土墙工程过大,桥梁过高或过低,涵洞过长等情况,若有问题应及时调整纵坡设计线。

(6)定坡。经调查核对无误后,逐段把直坡线的坡度值、变坡点桩号和标高确定下来。变坡点一般要调整到 10m 的整桩号上,相邻变坡点桩号之差为坡长。各变坡点标高是由纵坡度和坡长值依次推算而得。

(7)设置竖曲线。拉坡时已考虑了平、纵组合问题,此步可根据技术标准及平、纵组合均衡等确定竖曲线半径,计算竖曲线要素及各桩号的设计标高。

3. 纵坡设计应注意的问题

(1)设置回头曲线地段,拉坡时应按回头曲线技术标准先定出该地段的纵坡,然后从两端接坡,注意在回头曲线地段不宜设竖曲线。

(2)大、中桥上不宜设置竖曲线,桥头两端竖曲线的起点应设在桥头 10m 以外。

(3)小桥涵允许设在斜坡地段或竖曲线上,为保证行车平顺,应尽量避免在小桥涵处出现"驼峰式"纵坡。

(4)注意平面交叉口纵坡及两端接线要求。道路与道路交叉时,一般宜设在水平坡段,其长度应不小于最短坡长规定。两端接线纵坡应不大于 3%,山区工程艰巨地段不大于 5%。

(5)拉坡时如受"控制点"制约,导致纵坡起伏过大,或土石方工程量太大,经调整仍然难以解决时,可用纸上移线的方法局部修改原定平面线形。

五、道路横断面设计

道路的横断面,是指中线上各点的法向切面,由横断面设计线和地面线构成。公路横断面设计线包括车行道、路肩、分隔带、边沟、边坡、截水沟、护坡道、取土坑、弃土堆、环境保护等设施,城市道路还包括机动车道、非机动车道、人行道、绿化带等,高速公路和一级公路上还有变速车道、爬坡车道等。而横断面中的地面线是表征地面起伏变化的那条线,它是通过现场实测或由大比例尺地形图、航测像片、数字地面模型等途径获得的。路线设计中所讨论的横断面设计包括上述横断面各组成部分的宽度、横向坡度标高相对关系等问题,有时也将路线横断面设计称作"路幅设计"。

(一)公路横断面组成

公路横断面的组成和各部分的尺寸要根据设计交通量、交通组成、设计车速、地形条件等因素确定。在保证必要的通行能力和交通安全与畅通的前提下,尽量做到用地省、投资少,使道路发挥其最大的经济效益与社会效益。

1. 路幅的构成

路幅是指公路路基顶面两路肩外侧边缘之间的部分。等级高、交通量大的公路(如高速公路、一级公路),通常是将上、下行车辆分开。分隔的方式有两种:一种是用固定宽度的分隔带分隔;另一种是将上、下行车道各自独立布置,利用天然地势进行分隔。前者称作整体式断面,后者称作分离式断面。整体式断面包括行车道、中间带、路肩以及紧急停车带、爬坡车道等组成部分。不设分隔带的整体式断面(如二级公路、三级公路、四级公路)包括车行道、路肩以及错车道等组成部分;城郊混合交通量大,实行快、慢车分行的路段,其横断面组成可能还有人行道、非机动车道等,应根据实际情况选用。

公路的直线段和小半径曲线段的宽度有所不同。在小半径曲线上,路幅宽度还包括车行道加宽的宽度。

为了迅速排除路面和路肩上的降水,可将路面和路肩做成有一定横坡的斜面。直线路段的路面为中间高、两边低呈双向倾斜的拱状,称作路拱。小半径曲线上为了抵消离心力,路面做成向弯道内侧倾斜的单一横坡,称作超高。

2. 路幅布置类型

(1)单幅双车道。单幅双车道公路指的是整体式的供双向行车的双车道公路。这类公路在我国公路总里程中占的比重最大。二级公路、三级公路和一部分四级公路均属这一类。这类公路适应的交通量范围大,能适应按各种车辆折合成中型载重汽车的设计交通量,最高达7 500辆/昼夜。设计速度从20km/h至80km/h。在这种公路上行车,只要各行其道、视距良好,车速一般都不会受影响。但当交通量很大、非机动车混入率高、视距条件又差时,其车速和通行能力则大大降低。所以,对混合行驶相互干扰较大的路段,可设置专用非机动车道和人行道,将机动车和非机动车、行人分开。

(2)双幅多车道。4车道、6车道和更多车道的公路,中间一般都设分隔带或做成分离式路基而构成"双幅"路。有些分离式路基为了利用地形或处于风景区等原因甚至做成两条独立的单向行车的道路。

这种类型的公路的设计车速高、通行能力大,每条车道能担负的交通量比一条双车道公路还多,而且行车顺适、事故率低。我国《公路工程技术标准》中的高速公路和一级公路即属此种类型。高速公路和一级公路的主要差别在于是否全立交、是否全封闭,以及分隔带最小宽度、路幅总宽度、各种服务设施、安全设施、环境美化等方面的完备程度。这类公路占地多、造价高,只有在公路网中具有非常重要的政治、经济意义或远景交通量很大时才修建。

(3)单车道。对交通量小、地形复杂、工程艰巨的山区公路或地方性道路,可采用单车道。我国《公路工程技术标准》中的山区四级公路路基宽度为4.5m,路面宽度为3.5m者就是属于此类。此类公路虽然交通量很小,但仍然会出现错车和超车。为此,应在不大于300m的距离内选择有利地点设置错车道,使驾驶人员能够看到相邻两错车道驶来的车辆。错车道处的路基宽度应大于或等于6.5 m,有效长度大于或等于20m。

(二)城市道路横断面组成

城市道路的交通性质和组成比较复杂,尤其表现在行人和各种非机动车较多等方面。各种交通工具和行人的交通问题都需要在横断面设计中综合考虑予以解决,所以城市道路路线设计中的横断面设计是矛盾的主要方面,一般在平面设计和纵断面设计之前进行。

城市道路上供各种车辆行驶的部分称为行车道。在行车道断面上,供汽车、无轨电车、摩托车等机动车行驶的部分称为机动车道,供自行车、三轮车、板车等非机动车行驶的部分称为非机动车道。此外,还有供行人步行用的人行道、分隔各种车道(或人行道)的分隔带及绿化带。

城市道路各组成部分相互联系和影响,其位置的安排和宽度的确定必须首先保证车辆和行人的安全畅通,同时要与道路两侧的各种建筑物及自然景观相协调,并满足地面、地下排水和各种管线埋设的要求。横断面设计应注意近、远期结合,使近期工程成为远期工程的组成部分,并预留管线位置。路面宽度及标高等均应有发展余地。

1. 布置类型

城市道路常见的几种断面形式如下。

(1)单幅路。俗称"一块板"断面,各种车辆在车道上混合行驶。在交通组织上有两种方式。①划出快、慢车行驶分车线,快车和机动车辆在中间行驶,慢车和非机动车靠两侧行驶。②不划分车线,车道的使用可以在不影响安全的条件下予以调整,如只允许机动车辆沿同一方向行驶的"单行道";限制载重汽车和非机动车行驶,如只允许小客车和公共汽车通行的街道;限制各种机动车辆、只允许行人通行的"步行道";等等。上述措施,可以是相对不变的,也可以是按规定的周期变换的。

(2)双幅路。俗称"两块板"断面。在车道中心用分隔带或分隔墩将车行道分为两幅,上、下行车辆分向行驶,各自再根据需要决定是否划分快、慢车道。

(3)三幅路。俗称"三块板"断面。中间一幅为双向行驶的机动车道,两侧分别为单向行驶的非机动车道。

(4)四幅路。俗称"四块板"断面。在三幅路的基础上,再将中间机动车道部分用中央分隔带分隔为二幅,分向行驶。

(5)不对称路幅。上述 4 种基本断面形式通常情况下是以道路中线为对称轴对称布置。但是在一些特殊情况下,比如地形限制、交通特点、交通组织等,可以将车行道、人行道、分隔带等设计成标高不对称、宽度不对称或上、下行分幅设计以适应特殊要求。沿江(河)大道、山城道路设计中常采用不对称路幅。

2. 断面形式的选用

单幅路占地少、投资省,但各种车辆混合行驶,于交通安全不利,仅适用于机动车交通量不大、非机动车较少的次干路、支路以及拆迁困难、用地不足的旧城改建的城市道路上。

双幅路断面将对向行驶的车辆分开,减少了对向行车干扰,提高了车速,分隔带上还可以用作绿化、布置照明和敷设管线等。它主要用于机动车辆较多、非机动车较少的道路。有平行道路可供非机动车通行的快速路和郊区道路以及横向高差大或地形特殊的路段亦可采用。

三幅路将机动车与非机动车分开,对交通安全有利;在分隔带上进行绿化,有利于夏天遮阴防晒、减少噪音和布置照明等。对于机动车交通量大、非机动车多的城市道路上宜优先考虑采用。但三幅式断面占地较多,只有当红线宽度大于或等于 40m 时才能满足车道布置的要求。

四幅路不但将机动车和非机动车分开,还将对向行驶的机动车分开,于安全和车速较三幅式路更为有利。它适用于机动车辆车速较高,机动车辆、非机动车辆均很大的快速路与主干路。

不对称路幅应因地制宜,多方面因素权衡考虑后论证采用。

值得说明的是,同一条道路宜采用相同的横断面形式。不同断面道路的结合部宜选择在交叉口或结构物处。当道路横断面形式或横断面各组成部分的宽度需要在道路中间改变时,应设过渡段。

六、公路路基设计

(一)路基设计的一般要求

公路路基是路面的基础,承受着本身土体的自重和路面结构的重量,同时还承受由路面传递下来的行车荷载,所以路基是公路的承重主体。

公路路基属于带状结构,随着天然地面的高低起伏,标高不同。路基设计需根据路线平、纵、横设计,精心布置,确定标高,为路面结构提供具有足够宽度的平顺基面。

路基承受行车荷载作用,主要在应力作用区的范围之内,其深度一般在路基顶面以下0.8m以内。此部分路基按其作用可视为路面结构的路床,其强度与稳定性要求,可根据路基路面综合设计的原则确定。坚固的路基,不仅是路面强度与稳定性的重要保证,而且能为延长路面使用寿命创造有利条件,所以路基路面的综合设计至关重要。

为了确保路基的强度与稳定性,使路基在外界因素作用下,不致产生不允许的变形,在路基的整体结构中还必须包括各项附属设施,其中有路基排水、路基防护与加固,以及与路基工程直接相关的设施,如弃土堆、取土坑、护坡道、碎落台、堆料坪及错车道等。

由于路基标高与原地面标高有差异,且各路段岩土性质的变化,各处附属设施的布置不尽相同,因此各路段的路基横断面形状差别很大。路基横断面形式的选定和各项附属设施的设计,同是路基设计的基本内容。

一般路基通常指在正常的地质与水文等条件下,填方高度和挖方深度小于规范规定高度和深度的路基。通常认为一般路基可以结合当地的地形、地质情况,直接选用典型断面图或设计规定,不必进行个别论证和验算。对于超过规范规定的高填、深挖路基,以及地质和水文等条件特殊的路基,为确保路基具有足够的强度与稳定性,需要进行个别设计和验算。

(二)路基的类型与构造

通常根据公路路线设计确定的路基标高与天然地面标高是不同的,路基设计标高低于天然地面标高时,需进行挖掘;路基设计标高高于天然地面标高时,需进行填筑。由于填、挖情况的不同,路基横断面的典型形式,可归纳为路堤、路堑和填挖结合3种类型。路堤是指全部用岩土填筑而成的路基,路堑是指全部在天然地面开挖而成的路基,此两者是路基的基本类型。当天然地面横坡大,且路基较宽,需要一侧开挖而另一侧填筑时,为填、挖结合路基,也称为半填半挖路基。在丘陵或山区公路上,填、挖结合是路基横断面的主要形式。

1. 路堤

图3-13所示为路堤的几种常见横断面形式。按路堤的填土高度不同,划分为矮路堤、高

路堤和一般路堤。填土高度为1.0～1.5m者,属于矮路堤;填土高度大于18m(土质)或20m(石质)的路堤,属于高路堤;填土高度在1.5m～18m范围内的路堤为一般路堤。随其所处的条件和加固类型的不同,还有浸水路堤、护脚路堤及挖沟填筑路堤等形式。

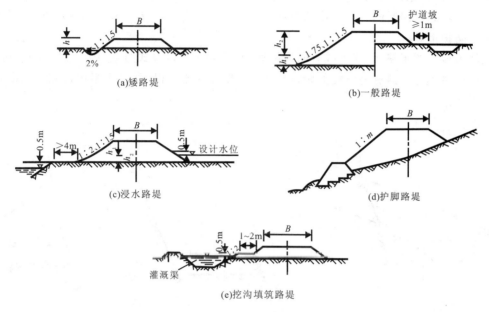

图3-13 路堤的几种常见横断面形式

矮路堤常在平坦地区取土困难时选用。半坦地区地势低,水文条件较差,易受地面水和地下水的影响,设计时应注意满足最小填土高度的要求,力求不低于规定的临界高度,使路基处于干燥或中湿状态。路基两侧均应设边沟。

矮路堤的高度通常接近或小于路基工作区的深度,除填方路堤本身要求满足规定的施工要求外,天然地面也应按规定进行压实,达到规定的压实度,必要时进行换土或加固处理,以保证路基路面的强度和稳定性。

填方高度不大,$h=2\sim3m$时,填方数量较少,全部或部分填方可以在路基两侧设置取土坑,使之与排水沟渠结合。为保护填方坡脚不受流水侵害,保证边坡稳定,可在坡脚与沟渠之间预留1～2m,甚至大于4m宽度的护道。地面横坡较陡时,为防止填方路堤沿山坡向下滑动,应将天然地面挖成台阶,或设置石砌护脚。

高路堤的填方数量大、占地多,为使路基稳定和横断面经济合理,须进行个别设计。高路堤和浸水路堤的边坡可采用上陡下缓的折线形式,或台阶形式,如在边坡中部设置护坡道。为防止水流侵蚀和冲刷坡面,高路堤和浸水路堤的边坡,须采取适当的坡面防护和加固措施,如铺草皮、砌石等。

2. 路堑

图3-14所示是路堑的几种常见横断面形式,有全挖路基、台口式路基及半山洞路基。挖方边坡可视高度和岩土层情况设置成直线或折线。挖方边坡的坡脚处设置边沟,以汇集和排除路基范围内的地表径流。路堑的上方应设置截水沟,以拦截和排除流向路基的地表径流。

挖方弃土可堆放在路堑的下方。边坡坡面易风化时，在坡脚处设置0.5～1.0m的碎落台，坡面可采用防护措施。

坡可视高度和岩土层情况设置成直线或折线。挖方边坡的坡脚处设置边沟，以汇集和排除路基范围内的地表径流。路堑的上方应设置截水沟，以拦截和排除流向路基的地表径流。挖方弃土可堆放在路堑的下方。边坡坡面易风化时，在坡脚处设置0.5～1.0m的碎落台，坡面可采用防护措施。

陡峻山坡上的半路堑，路中线宜向内侧移动，尽量采用台口式路基[图3-14(b)]，避免路基外侧的少量填方。遇有整体性的坚硬岩层，为节省石方工程，可采用半山洞路基[图3-14(c)]。

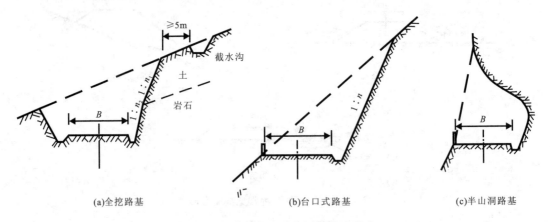

图3-14　路堑的几种常用横断面形式

挖方路基处土层地下水文状况不良时，可能导致路面的破坏，所以对路堑以下的天然地基，要人工压实至规定的实程度，必要时还应翻挖，重新分层填筑、换土或进行加固处理，采取加铺隔离层，设置必要的排水设施。

3. 半填半挖路基

图3-15所示是半填半挖路基的几种常见横断面形式。位于山坡上的路基，通常取路中心的标高接近原地面的标高，以便减少土石方数量，保持土石方数量横向平衡，形成半填半挖路基。若处理得当，路基稳定可靠，是比较经济的断面形式。

半填半挖路基兼有路堤和路堑两者的特点，上述对路堤和路堑的要求均应满足。填方部分的局部路段，如遇原地面的短缺口，可采用砌石护肩。如果填方量较大，也可就近利用废石方，砌筑护坡或护墙。石砌护坡和护墙相当于简易式挡土墙，承受一定的侧向压力。有时填方部分需要设置路肩（或路堤）式挡土墙，确保路基稳定，进一步压缩用地宽度。石砌护肩、护坡与护墙，以及挡土墙等路基，如图3-15(c)～图3-15(f)所示。如果填方部分悬空，而纵向又有适当的基岩时，则可以沿路基纵向建成半山桥路基，如图3-15(g)所示。

上述3类典型路基横断面形式，各具特点，分别在一定条件下使用。由于地形、地质、水文等自然条件差异性很大，且路基位置、横断面尺寸及要求等亦应服从于路线、路面及沿线结构物的要求，所以路基横断面类型的选择，必须因地制宜、综合设计。

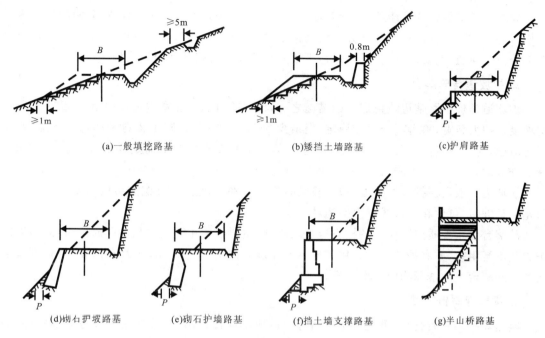

图 3-15 半填半挖路基的几种常用横断面形式

(三)路基附属设施

为了确保路基的强度、稳定性和行车安全,与一般路基工程有关的附属设施有取土坑、弃土堆、护坡道、碎落台、堆料坪及错车道等。这些设施是路基设计的组成部分,正确合理地设置它们是十分重要的。

1. 取土坑与弃土堆

路基土石方的挖填平衡,是公路路线设计的基本原则,但往往难以做到完全平衡。土石方数量经过合理调配后,仍然会有部分借方和弃方(又称废方)。路基土石方的借弃,首先要合理选择地点,即确定取土坑或弃土堆的位置。选点时要兼顾土质、数量、用地及运输条件等因素,还必须结合沿线区域规划,因地制宜、综合考虑,维护自然平衡,防止水土流失,做到借之有利、弃之无害。借弃所形成的坑或堆,要求尽量结合当地地形,充分加以利用,并注意外形规整,弃堆稳固。对高等级公路或位于城郊附近的干线公路,尤应注意。

平坦地区,如果用土量较少,可以沿路两侧设置取土坑,与路基排水和农田灌溉相结合。路旁取土坑,深度约 1m,或稍大一些,宽度依用土数量和用地允许而定。为防止坑内积水危害路基,当堤顶与坑底高差不足 2m 时,在路基坡脚与坑之间需设宽度不小于 1m 的护坡平台、坑底设纵横排水坡及相应设施。

河水淹没地段的桥头引道近旁,一般不设取土坑,如设取土坑要距河流中水位边界 10m 以外,并与导治结构物位置相适应。此类取土坑要求水流畅通,不得长期积水危及路基或构造物的稳定。

路基开挖的废方,应尽量加以利用,如用以加宽路基或加固路堤、填补坑洞或路旁洼地,亦可兼顾农田水利或基建等所需,做到变废为用,弃而不乱。

废方一般选择路旁低洼地,就近弃堆。原地面倾斜坡度小于 1∶5 时,路旁两侧均可设弃土堆,地面较陡时,宜设在路基下方。沿河路基爆破后的废石方,往往难以远运,条件许可时可以部分占用河道,但要注意河道压缩后,不致壅水危及上游路基及附近农田等。

2. 护坡道与碎落台

护坡道是保护路基边坡稳定性的措施之一,设置的目的是加宽边坡横向距离,减小边坡平均坡度。护坡愈宽,愈有利于边坡稳定,但最少为 1m。宽度大,则工程数量亦随之增加,要兼顾边坡稳定性与经济合理性。通常护坡道宽度 d 随视边坡高度 h 而定,$h \geqslant 3m$ 时,$d=1m$;$h=3\sim 6m$ 时,$d=2m$;$h=6\sim 12m$ 时,$d=2\sim 4m$。

护坡道一般设在挖方坡脚处,边坡较高时亦可设在边坡上方及挖方边坡的变坡处。浸水路基的护坡道,可设在浸水线以上的边坡上。

碎落台设于土质或石质土的挖方边坡坡脚处,主要供零星土石碎块下落时临时堆积,以保护边沟不至阻塞,亦有护坡道的作用。碎落台宽度一般为 $1\sim 1.5m$,如兼有护坡作用,可适当放宽。碎落台上的堆积物应定期清理。

3. 堆料坪与错车道

路面养护用矿质材料,可就近选择路旁合适地点堆置备用,亦可在路肩外缘设堆料坪,其面积可结合地形与材料数量而定。例如每隔 $50\sim 100m$ 设一个堆料坪,长度为 $5\sim 8m$,宽度为 $2m$。

高级路面或采用机械化养路的路段,可以不设,或另设集中备用料场,以维护公路外形的视觉平顺和景观优美。

单车道公路,由于双向行车会车和相互避让的需要,通常应每隔 $200\sim 500m$ 设置一处错车道。按规定错车道的长度不得短于 $30m$,两端各有长度为 $10m$ 的出入过渡段,中间 $10m$ 供停车用。单车道的路基宽度为 $4.5m$,而错车道地段的路基宽度为 $6.5m$。错车道是单车道路基的一个组成部分,应与路基同时设计与施工。

七、沥青路面

(一)沥青路面的基本特征

沥青路面是用沥青材料作结合料黏结矿料修筑面层与各类基层和垫层所组成的路面结构。

由于沥青面层使用沥青结合料,因而增强了矿料间的黏结力,提高了混合料的强度和稳定性,使路面的使用质量和耐久性都得到了提高。与水泥混凝土路面相比,沥青路面具有表面平整、无接缝、行车舒适、耐磨、振动小、噪音低、施工期短、养护维修简便、适宜于分期修建等优点,因而获得越来越广泛的应用。20 世纪 50 年代以来,各国修建沥青路面的数量迅猛增长,所占比重很大。我国的公路和城市道路近 20 年来使用沥青材料修筑了相当数量的沥青路面。沥青路面是我国高速公路的主要路面形式。随着国民经济和现代化道路交通运输的需要,沥青路面必将有更大的发展。

沥青路面属柔性路面,强度与稳定性在很大程度上取决于土基和基层的特性。沥青路面的抗弯强度较低,因而要求路面的基础应具有足够的强度和稳定性。所以,在施工时必须掌握路基土的特性进行充分的碾压。对软弱土基或翻浆路段,必须预先加以处理。在低温时,沥青路面的抗变形能力很低,因而在寒冷地区为了防止土基不均匀冻胀而使沥青路面开裂,需设置防冻层。沥青面层修筑后,由于它的透水性小,从而使土基和基层内的水分难以排出,在潮湿路段易发生土基和基层变软,导致路面破坏。因此,必须提高基层的水稳性,尽可能采用结合料处治的整体性基层。对交通量较大的路段,为使沥青路面具有一定的抗弯拉和抗疲劳开裂的能力,宜在沥青面层下设置沥青混合料的黏结层。采用较薄的沥青面层时,特别是在旧路面上加铺面层时,要采取措施加强面层与基层之间的黏结,以防止水平力作用而引起沥青面层的剥落、推挤、拥包等破坏。

(二)沥青路面的损坏类型及其成因

高等级公路沥青路面常见的损坏现象有裂缝(横向、纵向及网状裂缝)、车辙、松散、剥落和表面磨光等。

1. 裂缝

沥青路面出现的裂缝,按其成因不同分为横向裂缝、纵向裂缝和网状裂缝3种类型。裂缝是高等级公路沥青路面最主要的破损形式,如图版 V-2 所示。

横向裂缝是指垂直于行车方向的裂缝。按其成因不同,横向裂缝又可分为荷载型裂缝和非荷载型裂缝两大类。荷载型裂缝是由于车辆严重超载,致使拉应力超过其疲劳强度而断裂。荷载型裂缝首先在路面的底面发生,逐渐向上扩展至表面。非荷载型裂缝是横向裂缝的主要形式。这种裂缝又有两种情况:沥青面层缩裂和基层反射裂缝。

沥青面层缩裂多发生在冬季。当沥青面层中的平均温度低于其断裂温度,产生的拉应力超过其在该温度的抗拉强度时,沥青面层即发生断裂。

基层反射裂缝是指半刚性基层先于沥青面层开裂,在荷载应力与温度应力的共同作用下,在基层开裂处的面层底部产生应力集中而导致面层底部开裂,而后逐渐向上扩张致使裂缝贯穿面层全厚度。

非荷载型横向裂缝一般比较规则,每隔一定的距离产生一道裂缝,裂缝间距的大小取决于当地气温和沥青面层与半刚性基层材料的抗裂性能。气温高、日温差变化小、面层和基层材料抗裂性能好的路段,一般间距较大,且出现裂缝的时间也较晚。

纵向裂缝产生的原因有两种:一种情况是沥青面层分路幅摊铺时,两幅接茬处未处理好,在车辆荷载与大气因素作用下逐渐开裂;另一种情况是由于路基压实度不均匀或由于路基边缘受水侵蚀产生不均匀沉陷而引起。

网状裂缝主要是由于路面的整体强度不足而引起,也可能是由于路面出现横向或纵向裂缝后未及时封填,致使水分渗入下层,加剧了路面的破损。沥青在施工期间以及在长期使用过程中的老化也是导致沥青面层形成网裂的原因之一。

2. 车辙

车辙是渠化交通引起的沥青路面损坏类型之一,如图版 V-3 所示。当车辙达到一定深度,辙槽积水,极易导致交通事故。车辙一般是在温度较高的季节,车辆反复碾压下产生塑性流动而逐渐形成的。应指出的是,对于半刚性基层沥青路面,由于半刚性基层具有较大的刚度,路面的永久变形主要发生在沥青面层中。因此,主要应从提高沥青面层材料的高温稳定性着手防止车辙。

3. 松散剥落

松散剥落是指沥青从矿料表面脱落的现象。在车辆的作用下沥青面层呈现松散状态,以至从路面剥落形成坑凹,如图版 V-4 所示。产生松散剥落的原因主要是由于沥青与矿料之间的黏附性较差,在水或冰冻的作用下,沥青从矿料表面剥离所致。产生松散剥落另一种可能是由于施工中混合料加热温度过高,致使沥青老化失去黏性。

4. 表面磨光

沥青路面在使用过程中,在车轮反复滚动摩擦的作用下,集料表面被逐渐磨光,有时还伴有沥青的不断上翻(图版Ⅵ-1),从而导致沥青面层表面光滑,尤其是在雨季常会因此而酿成车祸。表面磨光的内在原因是集料质地软弱、缺少棱角,或矿料级配不当、粗集料尺寸偏小、细料偏多、或沥青用量偏多等。

(三)沥青路面的分类

1. 按强度构成原理可将沥青路面分为密实类和嵌挤类两大类

密实类沥青路面要求矿料的级配按最大密实原则设计,其强度和稳定性主要取决于混合料的黏聚力和内摩阻力。密实类沥青路面按其空隙率的大小可分为闭式和开式两种:闭式混合料中含有较多的小于 0.5mm 和 0.074mm 的矿料颗粒,空隙率小于 6%,混合料致密而耐久,但热稳定性较差;开式混合料中小于 0.5mm 的矿料颗粒含量较少,空隙率大于 6%,其热稳定性较好。

嵌挤类沥青路面要求采用颗粒尺寸较为均一的矿料,路面的强度和稳定性主要依靠骨料颗粒之间相互嵌挤所产生的内摩阻力,而黏聚力则起着次要的作用。按嵌挤原则修筑的沥青路面,其热稳定性较好,但因空隙率较大,易渗水且耐久性较差。

2. 按施工工艺的不同,沥青路面可分为层铺法、路拌法和厂拌法 3 类

层铺法是指分层洒布沥青,即分层铺撒矿料和碾压的方法。其主要优点是工艺和设备简便、功效较高、施工进度快、造价较低。其缺点是路面成型期较长,需要经过炎热季节行车碾压之后路面方能成型。用这种方法修筑的沥青路面有沥青表面处治和沥青贯入式两种。

路拌法是在路上用机械将矿料和沥青材料就地拌和摊铺和碾压的方法。此类面层所用的矿料为碎(砾)石者称为路拌沥青碎(砾)石,所用的矿料为土者则称为路拌沥青稳定土。路拌沥青面层,通过就地拌和,沥青材料在矿料中分布比层铺法均匀,可以缩短路面的成型期。但因所用的矿料为冷料,需使用黏稠度较低的沥青材料,故混合料的强度较低。

厂拌法是有一定级配的矿料和沥青材料在工厂用专用设备加热拌和,然后送到工地摊铺碾压的方法。矿料中细颗粒含量少,不含或含少量矿粉,混合料为开级配配制的(空隙率达10%~15%)称为厂拌沥青碎石;若矿料中含有矿粉,混合料是按最佳密实级配配制的(空隙率10%以下)称为沥青混凝土。厂拌法按混合料铺筑时温度的不同,又可分为热拌热铺和热拌冷铺两种。热拌热铺是混合料在专用设备加热拌和后立即趁热运到路上摊铺压实。如果混合料加热拌和后储存一段时间再在常温下运到路上摊铺压实,即为热拌冷铺。厂拌法使用较黏稠的沥青材料,且矿料经过精选,因而混合料质量高、使用寿命长,但修建费用也较高。

3. 根据沥青路面技术特性分类

根据沥青路面的技术特性，沥青面层可分为沥青混凝土热拌沥青、碎石乳化沥青、碎石混合料、沥青贯入式、沥青表面处治 5 种类型。此外，沥青玛蹄脂碎石近年在许多国家也得到广泛应用。

沥青表面处治路面是指用沥青和集料按层铺法或拌和法铺筑而成的厚度不超过 3cm 的沥青路面。沥青表面处治的厚度一般为 1.5～3.0cm。层铺法可分为单层、双层、三层。单层表处厚度为 1.0～1.5cm，双层表处厚度为 1.5～2.5cm，三层表处厚度为 2.5～3.0 cm。沥青表面处治适用于三级公路、四级公路的面层，旧沥青面层上加铺罩面或抗滑层、磨耗层等。

沥青贯入式路面是指用沥青贯入碎(砾)石做面层的路面。沥青贯入式路面的厚度一般为 4～8cm。当沥青贯入式的上部加铺拌和的沥青混合料时，也称为上拌下贯，此时拌和层的厚度宜为 3～4cm，其总厚度为 7～10cm。沥青贯入式碎石适合用作二级公路及二级以下公路的沥青面层。

沥青碎石路面是指用沥青碎石做面层的路面。沥青碎石的配合比设计应根据实践经验和马歇尔实验的结果，并通过施工前的试拌和试铺确定。沥青碎石有时也用作黏结层。沥青混凝土路面是指用沥青混凝土做面层的路面，其面层可由单层、双层或三层沥青混合料组成，各层混合料的组成设计应根据其层厚和层位、气温和降雨量等气候条件、交通量和交通组成等因素确定，以满足对沥青面层使用功能的要求。沥青混凝土常用作高等级公路的面层。

乳化沥青碎石混合料适合用作三级公路、四级公路的沥青面层，二级公路养护罩面以及各级公路的调平层。国外也用作柔性基层。

沥青玛蹄脂碎石路面是指用沥青玛蹄脂碎石混合料做面层或抗滑层的路面。沥青玛蹄脂碎石混合料(简称 SMA)是以间断级配为骨架，用改性沥青、矿粉及木质纤维素组成的沥青玛蹄脂为结合料，经拌和、摊铺、压实而形成的一种构造深度较大的抗滑面层。它具有抗滑耐磨、空隙率小、抗疲劳、高温抗车辙、低温抗开裂的优点，是一种全面提高密级配沥青混凝土使用质量的新材料，适用于高速公路、一级公路和其他重要公路的表面层。

八、水泥混凝土路面

(一)水泥混凝土路面的基本特性

水泥混凝土路面，包括普通混凝土、钢筋混凝土、连续配筋混凝土、预应力混凝土、装配式混凝土和钢纤维混凝土等面层板和基(垫)层所组成的路面。目前采用最广泛的是就地浇筑的普通混凝土路面，简称混凝土路面。

所谓普通混凝土路面，是指除接缝区和局部范围(边缘和角隅)外不配置钢筋的混凝土路面。与其他类型路面相比，混凝土路面具有以下优点。

(1)强度高。混凝土路面具有很高的抗压强度和较高的抗弯拉强度以及抗磨耗能力。

(2)稳定性好。混凝土路面的水稳性、热稳性均较好，特别是它的强度能随着时间的延长而逐渐提高，不存在沥青路面的那种"老化"现象。

(3)耐久性好。由于混凝土路面的强度和稳定性好，所以经久耐用，一般能使用 20～40 年，而且能通行包括履带式车辆等在内的各种运输工具。

(4)有利于夜间行车。混凝土路面色泽鲜明,能见度好,对夜间行车有利。

但是,混凝土路面也存在一些缺点,主要有以下几方面。

(1)对水泥和水的需求量大。修筑0.2m厚、7m宽的混凝土路面,每1 000m要耗费水泥400～500t和水约250t,尚不包括养生用的水在内,这给水泥供应不足和缺水地区带来较大困难。

(2)有接缝。一般混凝土路面要建造许多接缝,这些接缝不但增加施工和养护的复杂性,而且容易引起行车跳动,影响行车的舒适性。接缝又是路面的薄弱点,如处理不当,将导致路面板边和板角处破坏。

(3)开放交通较迟。一般混凝土路面完工后,要经过28天的湿治养生,才能开放交通。如需提早开放交通,则需采取特殊措施。

(4)修复困难。混凝土路面损坏后,开挖很困难,修补工作量也大,且影响交通。

(二)水泥混凝土路面构造

1. 土基

理论分析表明,通过刚性面层和基层传到土基上的压力很小,一般不超过0.05MPa。因此,混凝土板下不需要有坚强的土基支承。然而,如果土基的稳定性不足,在水温变化的影响下出现较大的变形,特别是不均匀沉陷,则仍将给混凝土面板带来很不利的影响。实践证明,由于土基不均匀支承,使面板在受荷时底部产生过大的弯拉应力,导致混凝土路面产生破坏。因此,混凝土路面下的路基必须密实、稳定和均匀。路基一般要求处于干燥或中湿状况,过湿状态或强度与稳定性不符合要求的潮湿状态的路基必须得到处理。

路基的不均匀支承,可能由下列因素所造成。

(1)不均匀沉陷。湿软地基未达充分固结,土质不均匀,压实不充分,填、挖结合部以及新老路基交接处处理不当。

(2)不均匀冻胀。季节性冰冻地区,土质不均匀(对冰冻敏感性不同),路基潮湿条件变化。

(3)膨胀土。在过干或过湿(相对于最佳含水量)时压实,排水设施不良等。

控制路基不均匀支承的最经济、最有效的方法是:①把不均匀的土掺配成均匀的土;②控制压实时的含水量接近于最佳含水量,并保证压实度达到要求;③加强路基排水设施,对于湿软地基,则应采取加固措施;④加设垫层,以缓和可能产生的不均匀变形对面层的不利影响。

2. 基层

混凝土面层下设置基层的目的有以下几点。

(1)防唧泥。混凝土面层如直接放在路基上,会由于路基土塑性变形量大、细料含量多和抗冲刷能力低而极易产生唧泥现象。铺设基层后,可减轻以至消除唧泥的产生。但未经处治的砂砾基层,其细料含量和塑性指数不能太高,否则仍会产生唧泥。

(2)防冰冻。在季节性冰冻地区,用对冰冻不敏感的粒状多孔材料铺筑基层,可以减少路基的冰冻深度,从而减轻冰冻的危害作用。

(3)减小路基顶面的压应力,并缓和路基不均匀变形对面层的影响。

(4)防水。在湿软土基上,铺筑开级配粒料基层,可以排除从路表面渗入面层板下的水分以及隔断地下毛细水上升。

(5) 为面层施工(如立侧模,运送混凝土混合料等)提供方便。

(6) 提高路面结构的承载能力,延长路面的使用寿命。

因此,除非土基本身就是有良好级配的砂砾类土,而且是具备良好排水条件的轻交通道路之外,都应设置基层。同时,基层应具有足够的强度和稳定性,且断面正确,表面平整。理论计算和实践都已证明,采用整体性好(具有较高的弹性模量如贫混凝土、沥青混凝土、水泥稳定碎石、石灰粉煤灰稳定碎石、级配碎石等)的材料修筑基层,可以确保混凝土路面良好的使用特性并延长路面的使用寿命。因此,基层材料的技术要求必须符合《公路路面基层施工技术规范》(JTJ034—93)的要求。因为如果基层出现较大的塑性变形累积(主要在接缝附近),面层板将与之脱空,支承条件恶化,从而增加板的应力;同时,若基层材料中含有过多的细料,还将促使唧泥和错台等病害产生。

基层厚度以 20cm 左右为宜。研究资料表明,用厚基层来提高土基的支承力,或者说借以降低面层应力或减薄面层厚度一般是不经济的。但是随着稳定类基层厚度的减小,基层底面的弯拉应力随之增大,因此基层厚度不宜太薄。

基层宽度应比混凝土路面板每侧各宽出 25～35cm(采用小型机具或轨道式摊铺机施工)或 50～60cm(采用滑模摊铺机施工),或与路基同宽,以供施工时安装模板,并防止路面边缘渗水至土基而导致路面破坏。

3. 混凝土面板

理论分析表明,轮载作用于板中部时,板所产生的最大应力约为轮载作用于板边部时的 2/3。因此,面层板的横断面应采用中间薄两边厚的形式,以适应荷载应力的变化。一般边部厚度较中部约大 25%,是从路面最外两侧板的边部,在 0.6～1m 宽度范围内逐渐加厚。但是厚边式路面对土基和基层的施工带来不便,而且使用经验也表明,在厚度变化转折处,易引起板的折裂。因此,目前国内外常采用等厚式断面。

混凝土面板应保证表面平整、耐磨、抗滑。混凝土面板的平整度以 3m 直尺量测为准。3m 直尺与路面表面的最大间隙为:高速公路和一级公路应不大于 3mm,其他各级公路应不大于 5mm。混凝土面板的抗滑标准以构造深度为指标。高速公路和一级公路应不低于 0.8mm,其他各级公路应不低于 0.6mm。

(三) 水泥混凝土路面的病害

水泥混凝土路面的使用性能在行车和自然因素的不断作用下逐渐变坏,以至出现各种类型的损坏现象,大体分为接缝破坏和混凝土面板损坏两个方面,损坏性质也可分为功能性损坏与结构性损坏两个范畴,如图版Ⅵ-2所示。

1. 接缝的破坏

(1) 挤碎[图版Ⅵ-2(a)]。出现于横向接缝(主要是胀缝)两侧数十厘米宽度内。这是由于胀缝内的滑动传力杆位置不正确,或滑动端的滑动功能失效,或施工时胀缝内局部有混凝土搭连,或胀缝内落入坚硬的杂屑等原因,阻碍了板的伸长,使混凝土在膨胀时受到较高的挤压应力,当其超过混凝土的抗剪强度时,板即发生剪切挤碎。

(2) 拱起[图版Ⅵ-2(b)]。混凝土面板在受热膨胀而受阻时,某一接缝两侧的板突然向上拱起。这是由于板收缩时缝隙张开,填缝料失效,坚硬碎屑等不可压缩的材料塞满缝隙,使板在膨胀时产生较大的热压应力,从而出现纵向压曲失稳。

(3)错台[图版Ⅵ-2(c)]。横向接缝两侧路面板出现的坚向相对位移。当胀缝下部嵌缝板与上部缝隙未能对齐,或胀缝两侧混凝土壁面不垂直,使缝旁两板在伸胀挤压过程中,会上下错开而形成错台。地面水通过接缝渗入基础使其软化,或者接缝传荷能力不足,或传力效果降低时,都会导致错台的产生。当交通量或基础承载力在横向各幅板上分布不均匀,各幅板沉陷不一致时,纵缝也会产生错台现象。

(4)唧泥[图版Ⅵ-2(d)]。汽车行经接缝时,由缝内喷溅出稀泥浆的现象。产生原因为:在轮载的频繁作用下,基层由于塑性变形累积而同面层板脱空;地面水沿接缝下渗而积聚在脱空的空隙内;在轮载作用下积水变成有压水而同基层内浸湿的细料混搅成泥浆,并沿接缝缝隙喷溅出来。唧泥的出现,使面板边缘部分失去支承,在离接缝 1.5～1.8 m 以内导致横向裂缝。

此外,纵缝两侧的横缝前后搓开、纵缝缝隙拉宽、填缝料丧失和脱落等也都属于接缝的破坏。

2. 混凝土板本身的破坏

混凝土板本身的破坏主要是断裂和裂缝。面板由于所受内应力超过了混凝土的强度而出现横向或纵向以及板角的断裂和裂缝,其原因是多方面的:板太薄或轮载太重;行车荷载的渠化作用(荷载次数超过允许值);板的平面尺寸太大,使温度翘曲应力过大;地基过量塑性变形,使板底脱空失去支承;养生期间收缩应力过大;由于材料或施工质量不良,混凝土未能达到设计要求;等等。断裂裂缝破坏了板的结构整体性,使板丧失应有的承载能力。因而,断裂裂缝可视为混凝土面层结构破坏的临界状态。

第三节 水利水电工程

一、概述

水利水电建设是一项造福于人类的伟大事业,它通过建造水工建筑物,利用和调节江河、湖泊等地表水体,使之用于发电、灌溉、水运、水产、供水、改善环境、拦淤防洪等,达到兴利除害的目的。水是廉价的常规能源,我国水资源非常丰富,理论水能蕴藏量 6.8 亿 kW,占世界第一位,目前只开发了很少一部分。发展水利水电事业在我国国民经济建设中具有非常重要的意义。

水利水电建设的主要任务是兴修水利水电工程。水利水电工程又是依靠不同性质、不同类型的水工建筑物来实现的。依其作用可将水工建筑物分为:挡(蓄)水建筑物(水坝、水闸、堤防等)、取水建筑物(进水闸、扬水站等)、输水建筑物(输水渠道和隧洞等)、泄水建筑物(溢洪道、泄洪洞等)、整治建筑物(导流堤、顺堤、丁坝等)、专门建筑物(电力厂房、船闸、筏道等)。某一项水利水电工程总是由若干水工建筑物配套形成一个协调工作的有机综合体,称此综合体为水利枢纽。对于大多数水利水电工程而言,挡水坝、引水渠和泄水道是重要的"三大件",而挡水坝又是所有水工建筑物中最主要的建筑。水坝建成以后,便在其上游一定范围积蓄地表水形成"人工湖",称此"人工湖"为水库。

水利水电工程不同于其他任何的建筑工程,表现为:①它由许多不同类型建筑物构成,因而对地质也提出各种要求;②水对地质环境的作用方式是主要的,其对建筑物影响范围广,产生一些其他类型建筑物不具有的特别的工程地质问题。概括起来,水工建筑物对地质体的作用主要表现在 3 个方面:一是各种建筑物以及水体对岩土体产生荷载作用,例如 100m 高的混凝土重力坝,对岩体产生压力达 2MPa 以上,这就要求岩土体有足够的强度和刚度,满足稳定性的要求;二是水向周围地质体渗入或漏失,引起地质环境的变化,从而导致岸坡失稳、库周浸没、水库地震,也可能因为水文条件改变导致库区淤积和坝下游冲刷等一系列工程地质问题;三是施工开挖采空,引起岩土体变形破坏。可见,水利水电建设中将有大量的工程地质问题需要研究,工程地质勘察工作繁重而复杂。

二、各类水坝的特点

水坝因其用材和结构形式不同,可以划分为很多类型。按结构与受力特点可分为重力坝、拱坝、支墩坝、预应力坝,按泄水条件可分为非溢流坝和溢流坝,按筑坝材料的不同可分为土石坝、砌石坝、混凝土坝、橡胶坝等,按坝体能否活动可分为固定坝和活动坝,按坝工技术历史发展的进程可分为古代坝、近代坝和现代坝。不同类型的坝,其工作特点及对工程地质条件的要求是不同的,下面讨论几种常见水坝的特点。

(一)重力坝

重力坝是由砼或浆砌石修筑的大体积挡水建筑物,其基本剖面是直角三角形,整体是由若干坝段组成。重力坝在水压力及其他荷载作用下,主要依靠坝体自重产生的抗滑力来满足稳定要求;同时依靠坝体自重产生的压力来抵消由于水压力所引起的拉应力以满足强度要求。

在水压力及其他外荷载作用下,主要依靠坝体自重来维持稳定的坝。重力坝的断面基本呈三角形,筑坝材料为混凝土或浆砌石。据统计,在各国修建的大坝中,重力坝在各种坝型中往往占有较大的比重。在中国的坝工建设中,混凝土重力坝也占有较大的比重,在 20 座高 100m 以上的高坝中,混凝土重力坝就有 10 座。

重力坝在水压力及其他荷载作用下必须满足:①稳定要求,主要依靠坝体自重产生的抗滑力来满足;②强度要求,依靠坝体自重产生的压应力来抵消由于水压力所引起的拉应力来满足。

重力坝之所以得到广泛应用,是由于有以下优点:①相对安全可靠,耐久性好,抵抗渗漏、洪水漫溢、地震和战争破坏能力都比较强;②设计、施工技术简单,易于机械化施工;③对不同的地形和地质条件适应性强,任何形状河谷都能修建重力坝,对地基条件要求相对来说不太高;④在坝体中可布置引水、泄水孔口,解决发电、泄洪和施工导流等问题。重力坝的缺点是:①坝体应力较低,材料强度不能得到充分发挥;②坝体体积大,耗用水泥多;③施工期混凝土温度应力和收缩应力大,对温度控制要求高。

重力坝按筑坝材料的不同分为混凝土重力坝和浆砌石重力坝。重力坝按其结构形式分为实体重力坝、宽缝重力坝和空腹重力坝。重力坝按泄水条件可分为非溢流坝和溢流坝两种剖面。

实体重力坝因横缝处理的方式不同可分为 3 类:①悬臂式重力坝,即横缝不设键槽,不灌浆;②铰接式重力坝,即横缝设键槽,但不灌浆;③整体式重力坝,即横缝设键槽,并进行灌浆。

按照混凝土的施工方式,分为常态混凝土重力坝、碾压混凝土重力坝。其中碾压混凝土重力坝由于施工方便,技术经济指标优越,近年来得到了迅速的发展。重力坝的形式如图 3-16

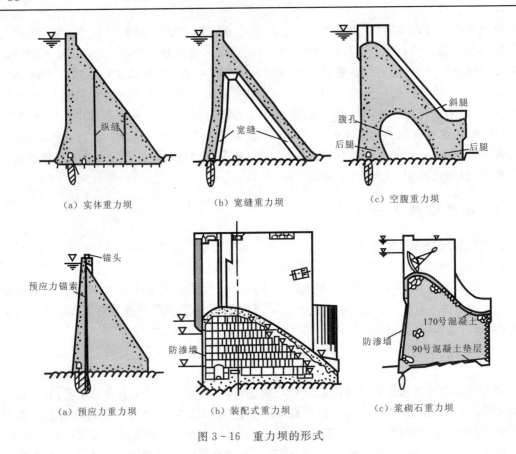

图 3-16 重力坝的形式

所示。

(二) 拱坝

拱坝是在平面上呈凸向上游的拱形挡水建筑物,借助拱的作用将水压力的全部或部分传给河谷两岸的基岩。与重力坝相比,在水压力作用下坝体的稳定不需要依靠本身的重量来维持,主要是利用拱端基岩的反作用来支承。拱圈截面上主要承受轴向反力,可充分利用筑坝材料的强度。因此,拱坝是一种经济性和安全性都很好的坝型。

人类修建拱坝具有悠久的历史。早在一二千年以前,人们就已意识到拱结构有较强的拦蓄水流的能力,开始修建高 10 余米的圆筒形圬工拱坝。13 世纪末,伊朗修建了一座高 60m 的砌石拱坝。到 20 世纪初,美国开始修建较高的拱坝,如 1910 年建成的巴菲罗比尔拱坝,高 99m。20 世纪 20—40 年代,又建成若干拱坝,其中有高达 221m 的胡佛坝(Hoover Dam)。与此同时,拱坝设计理论和施工技术也有了较大的进展,如应力分析的拱梁试荷载法、坝体温度计算和温度控制措施、坝体分缝和接缝灌浆、地基处理技术等。

20 世纪 50 年代以后,西欧各国和日本修建了许多双曲拱坝,在拱坝体形、复杂坝基处理、坝顶溢流和坝内开孔泄洪等重大技术上又有了新的突破,从而使拱坝厚度减小、坝高加大,即使在比较宽阔的河谷上修建拱坝也能体现其经济性。进入 20 世纪 70 年代,随着计算机技术的发展,有限单元法和优化设计技术的逐步采用,使拱坝设计和计算周期大为缩短,设计方案更加经济合理。水工及结构模型试验技术、混凝土施工技术、大坝安全监控技术的不断提高,也为拱坝的工程技术发展和改进创造了条件。目前世界上已建成的最高拱坝是苏联英古里双曲拱坝,高 271.5m,坝底厚度为 86m,厚高比为 0.33。其次是意大利的瓦依昂拱坝,高 261.6m,坝底厚 22.1m,厚高比为 0.084。最薄的拱坝是法国的托拉拱坝,高 88m,坝底厚 2m,厚高比为 0.023。近 40 多年来,我国修建了许多拱坝。在拱坝设计理论、计算方法、结构型式、泄洪消能、施工导流、地基处理及枢纽布置等方面都有很大进展,积累了丰富的经验。

拱坝的水平剖面由曲线形拱构成,两端支承在两岸基岩上。竖直剖面呈悬臂梁形式,底部坐落在河床或两岸基岩上。拱坝一般依靠拱的作用,即利用两端拱座的反力,同时还依靠自重维持坝体的稳定。当河谷宽高比较小时,荷载大部分由水平拱系统承担;当河谷宽高比较大时,荷载大部分由梁承担。拱坝比之重力坝可较充分地利用坝体的强度,其体积一般较重力坝为小,其超载能力常比其他坝型高。拱坝主要的缺点是对坝址河谷形状及地基要求较高。

按照拱坝的拱弧半径和拱中心角,可将拱坝分为单曲拱和双曲拱。

(1)单曲拱坝又称为定外半径定中心角拱。对"U"形或矩形断面的河谷,其宽度上、下相差不大,各高程中心角比较接近,外半径可保持不变,仅需下游半径变化以适应坝厚变化的要求。

特点:施工简单,直立的上游面便于布置进水孔和泄水孔及其设备,但当河谷上宽下窄时,下部拱的中心角必然会减小,从而降低拱的作用,要求加大坝体厚度,不经济。对于底部狭窄的"V"形河谷可考虑采用等外半径变中心角拱坝。

(2)双曲拱坝即双向(水平向及竖向)弯曲的拱坝。它是拱坝中最具有代表性的坝型。双曲拱坝的水平向弯曲可以发挥拱的作用,竖直向弯曲可实现变中心、变半径以调整拱坝上、下部的曲率和半径。双曲拱坝的优越性可从这两个方向的弯曲中体现出来。一般情况,上部半径大些,可使拱座推力更指向岸里;下部半径小些,可适当加大下部中心角以提高拱的作用。因此,双曲拱坝一般均采用变中心、变半径布置,具体又有等中心角及变中心角之分和拱冠梁有近乎直立和俯向下游之分。为适应特定的地形、地质和溢洪、泄水及厂房布置要求,使拱坝体型、应力及拱座稳定等更趋合理,可调整双曲拱坝的各种参数,并可在坝基增设垫座以分开周边缝与坝身,或在坝身设置切入缝和分离缝等。设置周边缝和垫座一般可改善地基(特别是不均匀或不规整地基)对拱坝坝身应力的影响,并改善或降低坝基(即垫座底部)应力以适应地基的要求。设置切入缝或分离缝可改变拱梁系统荷载分配,以改善坝身及坝基应力,从而适应特定的要求。

(三)支墩坝

支墩坝是由一系列倾斜的面板和支承面板的支墩(扶壁)组成的坝。面板直接承受上游水压力和泥沙压力等荷载,通过支墩将荷载传给地基。面板和支墩连成整体,或用缝分开。

根据面板的形式,支墩坝可分为 3 种类型,如图 3-17 所示。

1. 平板坝

由平板面板和支墩组成的支墩坝。自 1903 年安布生(Ambursen)设计并建造了第一座有倾斜面板的平板坝以后,世界各国修建了很多中、低高度的平板坝。平板坝中面板与支墩的连接有以下 3 种分类形式。

(1)简支式。面板简支在支墩托肩(牛腿)上,接缝涂沥青玛蹄脂等柔性材料,并设置止水。简支式能适应地基和温度变形,是采用最多的一种形式。

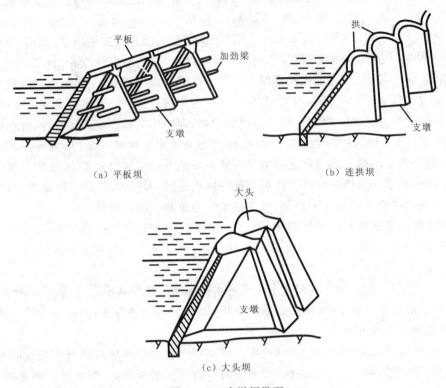

图 3-17 支墩坝类型

(2) 连续板式。面板跨过支墩,每隔两三跨设一道伸缩缝。连续式可以减小板的跨中弯矩,但在跨过支墩处产生负弯矩,易在迎水面产生裂缝,所以一般较少采用。

(3) 悬臂式。面板与支墩刚性连接,在跨中设缝,要求变形小,以防接缝漏水,只能用于低坝。平板坝支墩有单支墩和双支墩两种形式,双支墩用于高坝。

2. 连拱坝

连拱坝是由拱形面板和支墩组成的支墩坝。与其他形式的支墩坝比较,连拱坝有下列特点。

(1) 拱形面板为受压构件,承载能力强,可以做得较薄。支墩间距可以增大。混凝土用量最少,但钢筋用量较多。混凝土平均含钢筋量可达 $30\sim40kg/m^3$。施工模板也较复杂。混凝土单位体积的造价高。

(2) 面板与支墩整体连接,对地基变形和温度变化的反应比较灵敏,要求修建在气候温和地区,且地基比较坚固。

(3) 上游拱形面板与溢流面板的连接比较复杂,因此很少用作溢流坝。

3. 大头坝

大头坝的面板由支墩上游部分扩宽形成,称为头部。相邻支墩的头部用伸缩缝分开,为大体积混凝土结构。对于高度不大的支墩坝,除平板坝的面板外,也可用浆砌石建造。

大头坝与宽缝重力坝结构体型相似,其区别为:大头坝支墩间的空距一般大于支墩厚度,而宽缝重力坝则相反;大头坝上游面的倾斜度一般较宽缝重力坝大;大头坝支墩下游部分可以不扩宽,坝腔是开敞的,而宽缝重力坝则是封闭的。

大头坝头部有3种形式。①平板式。上游面为平面,施工简单,但在水压力作用下,上游面易产生拉应力,引起裂缝。②圆弧式。上游面为圆弧,作用于弧面上的水压力向头部中心辐集,应力条件好,但施工模板较复杂。③钻石式。上游面由3个折面组成,兼有平板式和圆弧式的优点,最常采用。

大头坝支墩有单支墩和双支墩两种形式,高坝多采用双支墩以增强其侧向稳定性。为了提高支墩的侧向劲度或防寒,也可将下游部分扩宽,使坝腔封闭,这时在结构体形上接近宽缝重力坝。

与其他坝型比较,支墩坝的特点是:面板是倾斜的,可利用其上的水重帮助坝体稳定;通过地基的渗流可以从支墩两侧敞开裸露的岩面逸出,作用于支墩底面的扬压力较小,有利于坝体稳定;地基中绕过面板底面的渗流,渗透途径短,水力坡降大,单位岩体承受的渗流体积力也大,要求面板与地基的连接以及防渗帷幕都必须做得十分可靠;面板和支墩的厚度小,内部应力大,可以充分利用材料的强度;施工期混凝土散热条件好,温度控制较重力坝简单;要求混凝土的标号高,施工模板复杂,平板坝和连拱坝的钢筋用量大,因而提高了混凝土单位体积的造价;支墩的侧向稳定性较差,在上游水压作用下,对于高支墩,还存在纵向弯曲稳定问题;平板坝和大头坝都设有伸缩缝,可适应地基变形,对地基条件的要求不是很高,而连拱坝为整体结构,对地基变形的反应比较灵敏,要求修建在均匀坚固的岩基上;坝体比较单薄,受外界温度变化的影响较大,特别是作为整体结构的连拱坝,对温度变化的反应更为灵敏,所以支墩坝宜于修建在气候温和地区;可做成溢流坝,也可设置坝身式泄水管或输水管。

支墩坝是一种轻型坝,可较重力坝节省20%~60%的混凝土,宜于修建在气候温和、河谷较宽、地质条件较好、运输条件差、天然建筑材料缺乏的地区。平板坝适用于中、低坝,连拱坝和大头坝适用于中、高坝。

(四)土石坝

土石坝泛指由当地土料、石料或混合料,经过抛填、碾压等方法堆筑成的挡水坝。当坝体材料以土和砂砾为主时,称为土坝;以石渣、卵石、爆破石料为主时,称为堆石坝;当两类当地材料均占相当比例时,称为土石混合坝。土石坝是历史最为悠久的一种坝型。近代的土石坝筑坝技术自20世纪50年代以后得到发展,并促成了一批高坝的建设。目前,土石坝是世界大坝工程建设中应用最为广泛和发展最快的一种坝型。

土石坝按坝高可分为低坝、中坝和高坝。我国《碾压式土石坝设计规范》(SL 274—2001)规定:高度在30m以下的为低坝,高度在30~70m之间的为中坝,高度超过70m的为高坝。

土石坝按其施工方法可分为碾压式土石坝、冲填式土石坝、水中填土坝和定向爆破堆石坝等。应用最为广泛的是碾压式土石坝。

按照土料在坝身内的配置和防渗体所用的材料种类,碾压式土石坝可分为以下几种主要类型。

(1)均质坝。坝体断面不分防渗体和坝壳,基本上是由均一的黏性土料(壤土、砂壤土)筑成。

(2)土质防渗体分区坝。即用透水性较大的土料作坝的主体,用透水性极小的黏土作防渗体的坝,包括黏土心墙坝和黏土斜墙坝。防渗体设在坝体中央的或稍向上游且略为倾斜的称为黏土心墙坝。防渗体设在坝体上游部位且倾斜的称为黏土斜墙坝,是高、中坝中最常用的坝型。

(3)非土料防渗体坝。防渗体坝是指由沥青混凝土、钢筋混凝土或其他人工材料建成的坝。按其位置也可分为心墙坝和面板坝。

土石坝的优点有:就地取材,节省了钢材、水泥、木材等重要建筑材料,同时减少了筑坝材料的远途运输;结构简单,便于维修和加高、扩建;坝身是土石散粒体结构,有适应变形的良好性能,因此对地基的要求低;施工技术简单,工序少,便于组合机械快速施工。其缺点是:坝身不能溢流,施工导流不如混凝土坝方便;黏性土料的填筑受气候等条件影响较大,影响工期;坝身需定期维护,增加了运行管理费用。

三、大坝实例

(一)瓦依昂坝

瓦依昂坝位于意大利阿尔卑斯山东部皮亚韦河支流瓦依昂河下游河段,距离最近的城市为瓦依昂市,距汇入皮亚韦河的瓦依昂河河口约 2km(图版Ⅵ-3)。瓦依昂坝为混凝土双曲拱坝,最大坝高为 262m,水库设计蓄水位为 722.5m,总库容量为 1.69 亿 m^3,有效库容量为 1.65 亿 m^3。水电站装机容量为 0.9 万 kW。施工年份为 1956—1960 年。

1. 坝址地理情况

该坝址位于下白垩统和上侏罗统的石灰岩侵蚀的峡谷中,狭谷两岸陡峭,底宽仅 10m,岩层倾向上游,岩层内分布有薄层泥灰岩和夹泥层。基岩具有良好的不透水性,岩石动力弹性模量在坝顶高程处最小值为 330MPa,谷底为 1 400MPa。

坝址区主要地质问题为向斜褶皱裂隙和断裂较发育,褶皱轴方向大致为东西向,且稍向东缓倾,即河床岩层由下游向上游微倾。向斜褶皱两翼岩层由河谷两岸向河床倾斜,河谷中央部分岩层近于水平,向两侧延伸的岩层走向为南北,倾向东,倾角 18°~20°,然后向两侧延伸,岩层突然陡倾,向上延伸,其走向变为东西,左岸倾向北,右岸倾向南,倾角 40°~50°。

坝址主要有 3 组裂隙,一是层理和层理裂隙,充填有极薄的泥化物;二是与河流流向垂直的垂直裂隙;三是两岸岸坡卸荷裂隙,重叠分布,形成深度为 100~150m 的卸荷软弱带。这 3 组裂隙将岩体切割成 7m×12m×14m 的斜棱形体。地震烈度 7°~8°。

2. 枢纽布置

该工程包括大坝、溢洪道、泄水底孔、引水隧洞、地下式厂房等。

瓦依昂坝是一座略不对称的双曲薄拱坝,坝顶长 190m、坝顶宽 3.4m、坝底宽 22.6m。坝顶弧长 190.5m,坝顶弦长 168.6m。大坝体积为 35 万 m^3,水平拱圈为等中心角,坝顶处半径为 109.35m,中心角为 94.25°,坝底处半径为 46.50m,中心角为 90°。拱冠梁中、上部向下游倒悬。大坝设有周边缝和垫座,垫座最大高度约 50m,其厚度稍大于坝的厚度。横缝间距为 12m,设 4 条水平缝,其高程分别为 675m、600m、510.99m 和 479.81m,缝内设有可供多次灌浆的系统。除周边缝外,所有缝都在冬季灌浆。上、下游面配有钢筋,水平向每米设有 3 根 16mm 钢筋,垂直向每米设有两根 22mm 钢筋。

坝顶设 16 孔开敞式溢洪道,每孔宽 6.6m。在左岸布置上、中、下 3 条泄水隧洞,直径分别为

3.5m、2.5m 和 2.5m。在左岸布置 1 条发电隧洞，通向地下发电厂房。厂房内装 1 台 9 000kW 发电机组。

3. 工程施工

谷底宽仅 10m，经过开挖，扩大至 32m。由于两岸岩壁陡立，几乎垂直，高达 300m，为防止施工时岩块坠落，进行了表面加固，共用锚筋 4 700m，钢丝网 3 万 m³。

考虑到两岸坝座上部岩体内裂隙发育，采用预应力锚索进行锚固，左岸用了 125 根，右岸 25 根，每根长 55m，施加预拉应力 100t。对于岩体弹性波速低于 3 000m/s 的地区，采用固结灌浆加固。固结灌浆孔总长 3 700m。

瓦依昂坝基处理包括帷幕灌浆、固结灌浆和接触灌浆。

坝基帷幕灌浆孔为两排，局部地段为三排。帷幕总面积 8 万 m²。孔距为 3.5～4.5m，排距 1.5m。坝基底板灌浆孔深 85m，底部在两岸各延伸 150m，上部在两岸各延伸 60m。灌浆在 8 条平硐内进行（两岸各四条），灌浆压力为 0.5～10MPa。

固结灌浆的孔深为 15～25m，底板上每 6m 布置 1 个灌浆孔，灌浆压力为 0.2～2.5MPa。对于接触灌浆，要求每米支承上打钻孔 30m。整个灌浆工程的设计钻孔总长度为 16 万 m。标准浆液由 50kg 水泥、1kg 膨润土、100L 水组成，平均吃浆量为每米钻孔 75kg。

大坝混凝土采用矿碴火山灰水泥 250kg/m³，其中熟料 160kg/m³、火山灰 90kg/m³。28d 水化热为 60cal/g，骨料为天然砂砾料，砂为二级配，脱去 0.006mm 以下的粉粒，骨料为四级配，最大粒径为 102mm。水灰比为 0.44～0.46，掺入塑化剂和加气剂。90d 龄期混凝土抗压强度为 35～42MPa。

混凝土浇筑利用缆机和 4m³ 吊罐入仓，小型推土机平仓；用直径为 125mm、长 90cm 的振捣器振捣，其振动频率为 11 800 次/分钟。已凝固混凝土表面用风水枪冲毛。72 小时内浇筑高度底部为 2.4m，上部为 1.5m。分层浇筑厚度底部为 60cm，上部为 50cm。用河水经循环系统冷却，养护 7 天。

4. 水库事故

1957 年施工时即发现岸坡不稳定。1960 年 2 月水库蓄水，同年 10 月当库水位高程为 635m 时，左岸坡地面出现长达 1 800～2 000m"M"形张开裂缝，并发生了 70 万 m³ 的局部崩塌，当即采取了一些措施。例如：限制水库蓄水位；在右岸开挖一条排水洞，洞径为 4.5m，长 2km。在水库蓄水影响下，经过 3 年缓慢的蠕变，到 1963 年 4 月，在 2 号测点测出的总位移量达 338cm。9 月 25 日前后，14 天的日位移量平均达到 1.5cm。9 月 28 日至 10 月 9 日，水库上游连降大雨，引起两岸地下水位升高，并使库水位雍高。10 月 7 日，2 号测点所进行的最后一次观测测得总位移已达到 429cm，其中最后 12 天的位移量为 58cm。1963 年 10 月 9 日，岸坡下滑速度达到 25cm/d，晚上 22 时 41 分岸坡发生了大面积整体滑坡，范围长 2km、宽约 1.6km，滑坡体积达 2.4 亿 m³。滑坡体将坝前 1.8km 长的库段全部填满，淤积体高出库水面 150m，致使水库报废（当时的库容量为 1.2 亿 m³）。滑坡时，滑动体内质点下滑运动速度为 15～30m/s，涌水淹没了对岸高出库水面 259m 的凯索村。涌浪还向水库上游回溯到拉瓦佐镇，波高仍有近 5m。滑坡时，涌浪高达 250m，漫过坝顶，漫顶水深约 150m。约有 300 万 m³ 水注入 200 多米深的下游河谷，涌浪前锋到达下游距坝 1 400m 的瓦依昂峡谷出口处，立波还高达 70m，在汇口处，涌入皮亚韦河，使汇口对岸的兰加隆镇和附近 5 个村庄大部分被冲毁，共计死亡1 925人。

通过对事故原因的大量调查研究,事故产生的原因主要包括两方面。

(1)地质水文因素。这一因素体现在:河谷两岸的两组卸荷节理,加上倾向河床的岩石层面、构造断层和古滑坡面等组合在一起,在左岸山体内形面一个大范围的不稳定岩体,其中有些软弱岩层,尤其是黏土夹层成为主要滑动面,成为水库失事的重要诱因;长期多次岩溶活动使地下孔洞发育,山顶地面岩溶地区成为补给地下水的集水区;地下的节理、断层和溶洞形成的储水网络,使岩石软化、胶结松散,内部扬压力增大,降低了重力摩阻力;1963年10月9日前的两周内大雨,库水位达到最高,同时滑动区和上部山坡有大量雨水补充地下水,地下水位升高,扬压力增大,以及黏土夹层、泥灰岩和裂隙中泥质充填物中的黏土颗粒受水饱和膨胀形成附加上托力,使滑坡区椅状地形的椅背部分所承受的向下推力增加,椅座部分抗滑阻力则减小,最终导致古滑坡面失去平衡而重新活动,缓慢的蠕动立即转变为瞬时高速滑动。

(2)人为因素。包括地质查勘不充分、地质人员的素质不高、判断失误等。

(二)都江堰水利工程

都江堰水利工程位于四川成都平原西部都江堰市西侧的岷江上,距成都56km,建于公元前256年,是战国时期秦国蜀郡太守李冰率众修建的一座大型水利工程,是现存的最古老且依旧在灌溉的田畴,是造福人民的伟大水利工程,还是世界水利文化的鼻祖。都江堰水利工程是至今为止,年代最久、唯一留存、以无坝引水为特征的宏大水利工程。这项工程主要由鱼嘴分水堤、飞沙堰溢洪道、宝瓶口进水口三大部分和百丈堤、人字堤等附属工程构成,科学地解决了江水自动分流(鱼嘴分水堤四六分水)、自动排沙(鱼嘴分水堤二八分沙)、控制进水流量(宝瓶口与飞沙堰)等问题,消除了水患,使川西平原成为"水旱从人"的"天府之国"。1998年灌溉面积达到66.87万hm^2,灌溉范围已达40余县。

中华人民共和国成立以来,都江堰水利建设者对古老的都江堰进行了史无前例、规模宏大的建设和改造。尤其是随着近年来党中央、国务院在西部大开发中加大了对基础设施的投入,四川省各水利工程管理单位在四川省水利厅的领导下,抓住机遇,锐意进取,不断优化、调整都江堰管理体制,提高管理水平,使都江堰这项古老的水利工程进入了高速发展时期,焕发出了无限的生机与活力。

1. 渠首枢纽工程

都江堰渠首枢纽,主要由都江堰鱼嘴、飞沙堰、宝瓶口3项工程组成。

(1)都江堰鱼嘴(图版Ⅶ-1)。布置在岷江江心,将岷江分为内江和外江,具有分洪、分沙之功能。历史上,鱼嘴用竹笼垒筑,位置曾多次变动,元、明时曾铸铁龟、铁牛分水,均毁于洪流,经多次复建,最后移至现鱼嘴位置。1974年在鱼嘴外江处修建了外江闸,能运用自如地按计划调节内、外江水量,洪水时开闸自然行洪。

(2)飞沙堰。内江的旁侧溢流堰,堰口宽240m,堰顶高2m,具有拦引春水、泄洪水、排沙石之功能。历史上飞沙堰用竹笼垒筑,1964年改为浆砌卵石坝。"深淘滩、低作堰"的治水六字诀,即指飞沙堰堤坝前的内江河床淤滩岁修时需深淘见卧铁,飞沙堰堤顶要低作与对岸标准台顶等高。在保持飞沙堰原有功能的前提条件下,1992年修建了工业用水拦水闸,确保内江在岁修时成都市的工业、生活供水量,同时增加了宝瓶口4月—5月份的引水量。如图版Ⅶ-2所示。

(3)宝瓶口。内江灌区的总进水口,平均口宽20m,开凿于都江堰创建时。左岸石刻水则共二十四划,每划为一市尺(1/3m),用以观测水位涨落;右岸离堆上建有伏龙观,又称老王庙,用于纪念李冰。1965年和1970年曾两次加固离堆。如图版Ⅶ-3所示。

3项工程互相配合,联合运行,起到了"引水灌田、航运漂木、分洪防灾"的作用,使都江堰2 000多年来效益卓著,为成都平原经济繁荣做出了巨大贡献,被后世誉为"川西第一奇功"。在2 000多年的实践中,劳动人民总结出"三字经""六字诀""八字格言""岁勤修"等一套治水经验,不仅符合现代科学技术原理,而且做到了就地取材、费省效宏,具有很高的经济效益、社会效益,既是中华民族历史文化的瑰宝,也是世界水利史上的光辉篇章。

2. 灌区工程

进入"宝瓶口"后,内江通过多次分水,形成输水网络,满足灌区航运及灌区用水要求。但由于历史条件限制,都江堰灌区的发展长期徘徊不前,至20世纪40年代末,都江堰灌区仅有干渠8条、支渠235条,总长2 810km,灌溉成都平原14个县的18.8万 hm^2 农田。

中华人民共和国成立后,都江堰的改造和发展开始了一个新纪元。从20世纪50年代开始,先后对古老的都江堰进行了史无前例、规模宏大的建设和改造,到60年代末,都江堰灌溉面积已达45.2万 hm^2 ,将龙泉山以西的成都平原全部浇灌。60年代末开始,丘陵区掀起了"打通龙泉山,引水灌农田"的水利建设热潮,到80年代初,都江堰灌区面积已扩大到57.2万 hm^2 ,灌区面貌发生了根本变化。至今,都江堰灌区范围已由50年代初的14个县18.8万 hm^2 发展到8个市(地)42个县(市、区)的67.3万 hm^2 ,成为全国第一个实灌面积突破66.7万 hm^2 的特大型灌区。

经过50多年的建设,灌区已发展成为一个由渠首工程、灌区各级引输水渠道、各类建筑物和大中小型水库、塘堰等构成的规模宏大的工程系统。建成干渠及分干渠97条长3 550km,支渠272条长3 627km,斗渠2 848条长11 847km;建成干斗渠以上水工建筑物4.89万处。其中,干渠工程有水闸998座、隧洞334座、渡槽415座、涵洞65座、倒虹吸管91座。蓄水设施有大型水库3座,总库容量为8.62亿 m^3 ;中型水库11座,总库容3.26亿 m^3 ;小型水库594座及堰塘7.3万多处,总蓄水能力17.55亿 m^3 ,形成了引、蓄、提相结合的工程格局。都江堰是四川国民经济和社会发展不可替代的重要基础设施,在四川省国民经济和社会发展中具有越来越重要的地位和作用。

(三)葛洲坝水利枢纽

葛洲坝水利枢纽位于中国湖北省宜昌市境内的长江三峡末端河段上,距上游的三峡水电站38km。它是长江上第一座大型水电站,也是世界上最大的低水头大流量、径流式水电站,如图版Ⅶ-4所示。1971年5月开工兴建,1972年12月停工,1974年10月复工,1988年12月全部竣工。坝型为闸坝,最大坝高47m,总库容量为15.8亿 m^3 。总装机容量为271.5万kW,其中二江水电站安装2台17万kW和5台12.5万kW机组,大江水电站安装14台12.5万kW机组。年均发电量140亿kW·h。首台17万kW机组于1981年7月30日投入运行。

葛洲坝水电站位于长江西陵峡出口、南津关以下3km处的湖北宜昌市境内,是长江干流上修建的第一座大型水电工程,是三峡工程的反调节和航运梯级。

坝址以上控制流域面积100万 km^2 ,为长江总流域面积的55.5%。坝址处多年平均流量

14 300 m³/s,平均年径流量 4 510 亿 m³。多年平均输沙量为 5.3 亿 t,平均含沙量为 12 kg/m³,90%的泥沙集中在汛期。

葛洲坝工程具有发电、改善航道等综合效益。电站装机容量 271.5 万 kW,单独运行时保证出力 76.8 万 kW,年发电量 157 亿 kW·h(三峡工程建成以后保证出力可提高到 158～194 万 kW,年发电量可提高到 161 亿 kW·h)。电站以 500 kV 和 220 kV 输电线路并入华中电网,并通过 500 kV 直流输电线路向距离 1 000 km 的上海输电 120 万 kW。

库区回水 110～180 km,使川江航运条件得到改善。水库总库容 15.8 亿 m³,由于受航运限制,2013 年无调洪削峰作用。三峡工程建成后,可对三峡工程因调洪下泄不均匀流量起反调节作用,有反调节库容 8 500 万 m³。

在长江干流梯级开发规划中,葛洲坝工程是三峡工程的航运反调节梯级,修建三峡工程就需要修建葛洲坝工程。这是因为以下两点。

(1)从航运方面考虑,一则三峡水电站在枯水期担负电网调峰任务时,发电与不发电时的下泄流量变化较大,下游将产生不稳定流,一天 24 小时内的水位变幅也较大,对船舶航行和港口停泊条件不利,因此,必须利用葛洲坝水库进行反调节。

(2)三峡坝址三斗坪至南津关有 38 km 山区河道,如不加以渠化而让其仍处于天然状态,航道条件较差,难以通过万吨级船队,三峡工程的航运效益也难以发挥。因此,需要利用葛洲坝水库渠化该段航道。从发电方面考虑,从三斗坪到葛洲坝之间,尚有 27 m 水位落差可以用来发电,可发电 150 多亿千瓦/小时,效益十分可观。

葛洲坝水利枢纽工程由船闸、电站厂房、泄水闸、冲沙闸及挡水建筑物组成。船闸为单级船闸,1 号、2 号两座船闸闸室有效长度为 280 m,净宽为 34 m,一次可通过载重为 1.2～1.6 万 t 的船队。每次过闸时间约 50～57 分钟,其中充水或泄水约 8～12 分钟。3 号船闸闸室的有效长度为 120 m,净宽为 18 m,可通过 3 000 t 以下的客货轮。每次过闸时间约 40 分钟,其中充水或泄水约 5～8 分钟。上、下闸首工作门均采用人字门,其中 1 号、2 号船闸下闸首人字门每扇宽 9.7 m、高 34 m、厚 27 m,质量约 600 t。为解决过船与坝顶过车的矛盾,在 2 号和 3 号船闸桥墩段建有铁路、公路、活动提升桥,大江船闸下闸首建有公路桥。

两座电站共装有 21 台水轮发电机组,其中:大江电站装机 14 台、单机容量 12.5 万 kW,二江电站装机 7 台(17 万 kW 2 台、12.5 万 kW 5 台),总装机容量为 271.5 万 kW,每年可发电 157 亿 kW·h。电能分别用 500 kV 和 220 kV 外输。

二江泄洪闸是葛洲坝工程的主要泄洪排沙建筑物,共有 27 孔,最大泄洪量 83 900 m³/s,采用开敞式平底闸,闸室净宽 12 m、高 24 m,设上、下两扇闸门,尺寸均为 12 m×12 m。上扇为平板门,下扇为弧形门,闸下消能防冲设一级平底消力池,长 18 m。大江冲沙闸为开敞式平底闸,共 9 孔,每孔净宽为 12 m,采用弧形钢闸门,尺寸为 12 m×19.5 m,最大排泄量 20 000 m³/s。三江冲沙闸共有 6 孔采用弧形钢闸门,最大排泄量 10 500 m³/s。如果汛期到此,那么将观赏到:泄洪闸前,洪波涌起,惊涛拍岸。巨大的水头冲天而起,溅起的水沫形成漫天水雾,即使立于百米之外,也会感到水气拂面,沾衣欲湿。如遇朗朗晴天,水雾反射的阳光,在泄洪闸前形成一道彩虹,直插江中,极为壮观。

三座船闸中,大江 1 号船闸和三江 2 号船闸为中国和亚洲之最。船闸各长 280 m、高 34 m,闸室的两端有两扇闸门,下闸门两扇"人"字形闸高 34 m、宽 9.7 m、重 600 t,逆水而上的船到达船闸时上闸门关闭着,下闸门开启着,上、下游水位落差为 20 m。船驶入闸室内,下闸门关闭,设在闸室底部的输水阀打开,水进入闸室,约 15 分钟后,闸室里的水与上游水位相平时,上闸门打开,船只驶出船闸。下水船过闸的情况下刚好相反。每次船只通过葛洲坝大约需要 45 分钟。

(四)黄河小浪底水利枢纽

黄河小浪底水利枢纽位于黄河中游豫、晋两省交界处,在洛阳市西北约 40km。上距三门峡坝址 130km,下距郑州花园口 128km。北依王屋、太行二山,南抵崤山余脉,西起平陆县杜家庄,东至济源市(原济源县)大峪河。南北最宽处约 72km,东西长 93.6km。淹没区涉及两省 4 市(地区)所管辖的 8 个市(县),即河南省的孟津、新安、渑池、陕县、济源和山西省的垣曲、平陆、夏县。

黄河小浪底水利全坝高 280m,南起邙山北连王屋山的坝体总长 16 667m,是目前我国江河上修建的一座最大的土坝。库容量为 1 256.5 亿 m³,水域面积为 296km²,正常蓄水位为 250m,最高蓄水位为 275m,装机容量为 180 万 kW,平均年发电量为 51 亿 kW·h,完成总投资 337 亿元人民币。完成后总控制流域面积为 92.3%,其中防洪库容为 40.5 亿 m³。下游防洪标准从 60 年一遇提高到 1 000 年一遇,解决了对下游的洪水威胁。每年可增加供水量 40 亿 m³,改善了黄河沿岸的工农业生产和人民生活用水条件。抗旱面积可维护 166.7 万 hm²,年使用发电总容量可节约煤炭 210 万 t 以上。如图版Ⅶ-5 所示。

小浪底工程由拦河大坝、泄洪建筑物和引水发电系统组成。

小浪底水利枢纽主坝为壤土斜心墙土石坝,上游围堰为坝体的一部分,坝基采用混凝土防渗墙,工程初步设计为斜墙坝型,后优化为斜心墙坝型。两者的主要区别在于前者以水平防渗为主,垂直防渗为辅;后者以垂直防渗为主,水平防渗为辅。其呈现如下特点:一是适度地考虑了库区淤积的防渗作用,使坝基防渗效果更为可靠;二是上爬的内铺盖改善了上游坝坡的抗滑稳定性,既实现了库区淤积的连接,又不会对坝坡产生太大的影响;三是减少了上游围堰的土方填筑量及基础处理工程量,使截流后比较紧张的工期得以缓解;四是与斜墙坝相比,混凝土防渗墙受力有所恶化,且造墙难度增加。

小浪底工程拦河大坝采用斜心墙堆石坝,设计最大坝高 154m,坝顶长度为 1 667m,坝顶宽度为 15m,坝底最大宽度为 864m。坝体启、填筑量为 51.85 万 m³,基础混凝土防渗墙厚 1.2m、深 80m。其填筑量和混凝土防渗墙均为国内之最。坝顶高程为 281m,水库正常蓄水位为 275m,库水面积为 272km²,总库容 126.5 亿 m³。水库呈东西带状,长约 130km,上段较窄,下段较宽,平均宽度为 2km,属峡谷河道型水库。坝址外多年平均流量 1 327m³/s,输沙量为 16 亿 t。该坝建成后可控制全河流域面积的 92.3%。

泄洪建筑物包括 10 座进水塔、3 条导流洞改造而成的孔板泄洪洞、3 条排沙洞、3 条明流泄洪洞、1 条溢洪道、1 条灌溉洞和 3 个两级出水消力塘。由于受地形、地质条件的限制,所以均布置在左岸。其特点为水工建筑物布置集中,形成蜂窝状断面,地质条件复杂,混凝土浇筑量占工程总量的 90%,施工中大规模采用新技术、新工艺和先进设备。

引水发电系统也布置在枢纽左岸,包括 6 条发电引水洞、地下厂房、主变室、闸门室和 3 条尾水隧洞。厂房内安装 6 台 30 万 kW 混流式水轮发电机组,总装机容量为 180 万 kW,多年平均年发电量 45.99 亿 kW·h/58.51 亿 kW·h(前 10 年/后 10 年)。

小浪底水利枢纽工程建成后带来的作用有以下几种。

(1) 防洪、防凌作用。小浪底水利枢纽与已建的三门峡、陆浑、故县水库联合运用，并利用下游的东平湖分洪，可使黄河下游抵御千年一遇的洪水。千年一遇以下洪水不再使用北金堤滞洪区，减轻常遇洪水的防洪负担。与三门峡水库的联合运用，共同调蓄凌汛期水量，可基本解除黄河下游凌汛威胁。

(2) 减淤作用。小浪底水利枢纽采用"人工扰沙"方式，即借助河水已有的势能，辅以人工扰动河床土质，促进河床泥沙启动，实现河床下切、输沙入海。简单地说，就是通过搅动让河底淤沙上浮，使其与自然水流一起下泄，从而达到清淤输沙的目的。第三次调水调沙试验共设3个扰沙点，分别位于小浪底库尾、河南范县李桥河段、山东梁山县小路口河段。

以上方法，可使黄河下游河床20年内淤积不抬高。非汛期下泄清水挟沙入海以及人造峰冲淤，对下游河床有进一步减淤作用。

(3) 供水、灌溉。黄河下游控制灌溉面积约266.7万hm^2，每年平均实灌面积117.3万hm^2，年引水量80~100亿m^3。由于黄河来水丰枯不匀，又缺乏足够的水量调节能力，灌溉用水保证率仅32%。20世纪70年代以来，沿河工农业迅猛发展，城市供水需求急剧增长，山东利津至入海口河段几乎每年断流，水资源供需矛盾十分突出。小浪底水利枢纽可减少下游断流的几率，平均每年可增加20亿m^3的调节水量，满足下游灌溉与城市用水，提高灌溉保证率。

(4) 发电。小浪底水利枢纽装机6台，每台30万kW，总装机容量为180万kW，是河南省理想的水电站。

第四节 隧道工程

一、隧道洞门的作用

洞门是隧道洞口砌筑并加以建筑装饰的支挡结构物。它连着隧道衬砌和路堑，是整个隧道结构的主要组成部分。

根据洞口地形、地质及衬砌类型等不同的情况和要求，铁路隧道洞门主要有端墙式、柱式、翼墙式、台阶式等，而公路隧道考虑到美观，一般采用柱式洞门和削竹式洞门。

洞门的作用包括减少洞口边仰坡土石方开挖量，稳定洞口边、仰坡，导流地表水，装饰隧道洞口。

二、洞门的形式

(一) 端墙式洞门

端墙式洞门是最常见的洞门。它适用于地形开阔、地层较稳定的地区，由端墙和洞门顶排水沟组成。端墙的作用是抵抗山体纵向推力及支持洞口正面上的仰坡，保持其稳定。洞门顶水沟用来将从仰坡流下来的地表雨水汇集后排走，如图3-18所示。

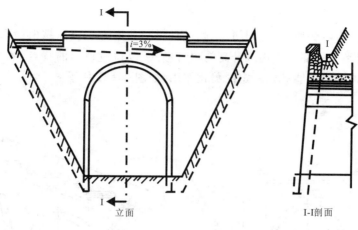

图 3-18 端墙式洞门

(二)翼墙式洞门

当洞口地质较差,山体纵向推力较大时,可以在端墙式洞门的单侧或双侧设置翼墙,如图 3-19 所示。翼墙在正面起到抵抗山体纵向推力,增加洞门的抗滑及抗倾覆能力的作用。两侧面保护路堑边坡起挡土墙作用。翼墙顶面与仰坡的延长面相一致,其上设置水沟,将洞门顶水沟汇集的地表水引至路堑侧沟内排走。

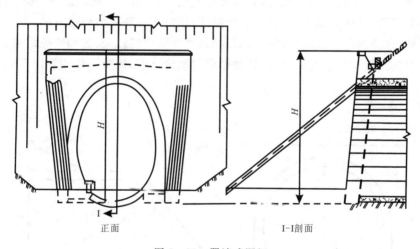

图 3-19 翼墙式洞门

(三)柱式洞门

当地形较陡(Ⅲ类围岩),仰坡有下滑的可能性,又受地形或地质条件限制,不能设置翼墙时,可在端墙中部设置两个(或 4 个)断面较大的柱墩,以增加端墙的稳定性,如图 3-20 所示。柱式洞门比较美观,适用于城市附近、风景区或长、大隧道的洞口。

(四)台阶式洞门

当洞门位于傍山岭侧坡地区,洞门一侧边仰坡较高时,为了提高靠山侧仰刷坡起坡点,减少仰坡高度,可将端墙顶部改为逐级升高的台阶形式,以适应地形的特点,减少洞门圬工及仰坡开挖数量。这种洞门也能起到一定的美化作用,如图 3-21 所示。

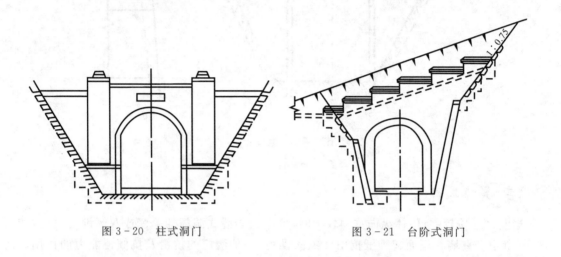

图 3-20 柱式洞门　　　　图 3-21 台阶式洞门

(五)削竹式洞门

削竹式洞门常用于公路隧道洞口,且应用广泛(图 3-22)。该型适用于洞口边仰坡稳定且不高的地形条件,其优点是线形美观、简洁经济,结构体与环境协调性好。

综上所述,选择洞门形式应根据洞口的地形、地质条件、隧道长度和所处的位置等而定,特别要注意洞口施工后地形改变的特点,切勿硬套定型设计图,使所选择的洞门不能发挥它应有的作用。

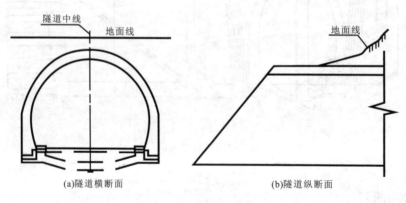

图 3-22 削竹式洞门型

三、地下支护结构的类型

总体来看,地下支护结构有临时支护结构与永久支护结构,还有单一支护结构和两种支护结构组成的复合支护结构。支护结构有两个最基本的使用要求:一是满足结构强度、刚度要求,以承受诸如水、围岩压力以及一些特殊使用要求的外荷载;二是提供一个能满足使用要求的工作环境,以便保持隧道内部的干燥和清洁。这两个要求是彼此密切相关的。

(一)按设计与施工要求分类,地下支护结构可以分为以下4类

(1)整体浇筑结构。施工时,将地下支护结构整体现浇,一次性施工完成,形成整体型承载结构体。如传统衬砌结构多为整体浇筑结构。

(2)锚喷支护结构。由锚杆、喷射混凝土结构组成的支护结构体。在地层条件差时,该结构中还会增加钢筋网或钢拱架结构,形成加强型锚喷支护结构。这种结构在大跨度交通隧道中常用。

(3)复合式衬砌结构。该结构由初期支护结构(锚喷支护)和二次衬砌组成,是应用新奥法理论产生的支护结构,也是我国目前钻爆法中应用最广的支护结构。

(4)管片支护结构。该结构是盾构法或掘进机法施工中常用的支护结构,环状结构体由数个管片组合构成环形闭合承载结构体。

(二)按不同用途与功能分类,地下结构可分为下列9类

(1)交通隧道。具有车辆、人员通行功能的隧道结构。如铁路隧道、公路隧道、城市地下铁道及越江、海底隧道等。

(2)水工隧洞。具有通水功能(包括有压水与无压水)的隧洞结构。如水力发电站的各种输水隧洞,为农业灌溉开凿的引水隧洞以及给水排水隧洞等。

(3)矿山巷道。具有运输与开采功能的巷道结构。如各类矿山水平巷道、竖井、斜井等作为运输及开采的井巷。

(4)城市地下建筑结构。具有城市市政功能特点的地下结构物。如贮藏粮食、水果、蔬菜等的地下仓库,用于民用与公共建筑的地下商店、图书馆、体育馆、展览厅、影剧院、旅馆、餐厅及其综合建筑体系——城市地下街等,城市给水工程,污水、管路、线路、废物处理的地下市政工程等。

(5)地下工厂。如水力或火力发电站的地下厂房以及各种轻、重工业的地下厂房等。

(6)基坑工程。如建筑物附属地下设施、大型深基坑等。

(7)军事与国防工程。用于军工与国防建设的地下结构工程。如飞机库、舰艇库、武器库、弹药库、作战指挥所、通讯枢纽和各类野战工事以及永备筑城工事等,以及人防隐蔽部、疏散干道、连接通道、医院、救护站及大楼防空地下室等。

图3-23~图3-32为典型地下结构图。

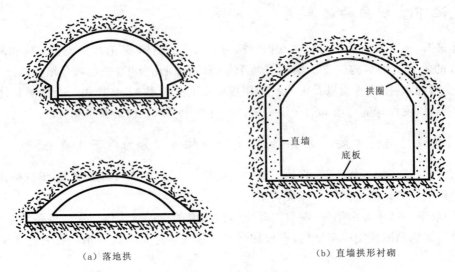

(a) 落地拱　　　　　　　　　(b) 直墙拱形衬砌

图 3-23　传统隧道结构

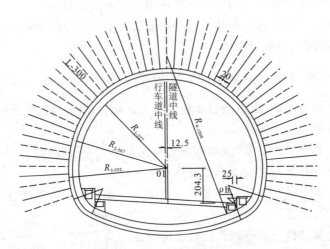

图 3-24　公路隧道常用的马蹄形复合式支护断面图

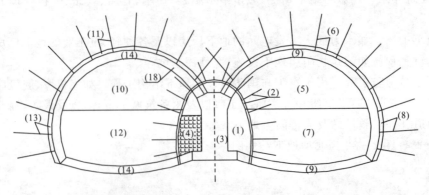

图 3-25　公路双连拱隧道结构图[(1)~(18)代表工序]

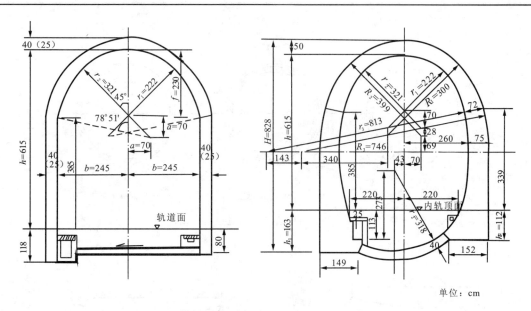

图 3-26 铁路隧道常用的马蹄形衬砌结构断面图

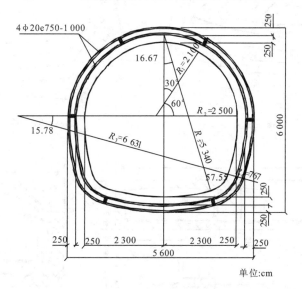

图 3-27 铁路隧道常用复合衬砌构造（锚杆省略）

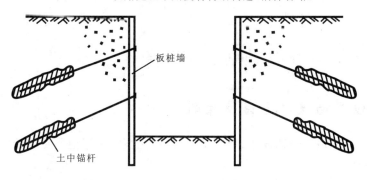

图 3-28 基坑板桩墙或连续墙结构图

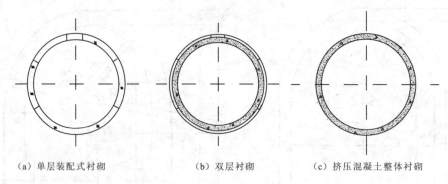

(a) 单层装配式衬砌　　　　(b) 双层衬砌　　　　(c) 挤压混凝土整体衬砌

图 3-29　盾构法修建的隧道衬砌结构

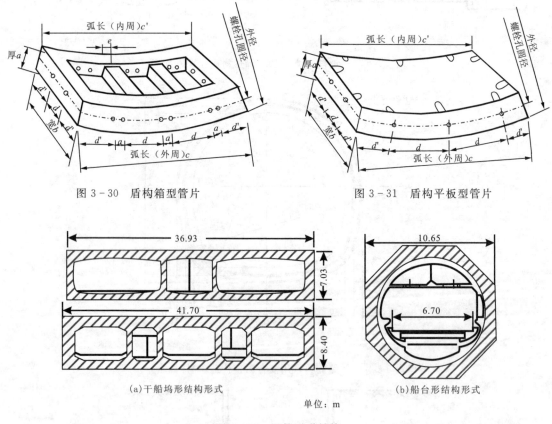

图 3-30　盾构箱型管片　　　　　　　图 3-31　盾构平板型管片

(a) 干船坞形结构形式　　　　(b) 船台形结构形式

单位：m

图 3-32　沉箱隧道结构

四、隧道位置的选择应遵循原则

(1) 隧道应选择在地质构造简单、地层单一、岩体完整等工程地质条件较好的地段，以垂直岩层走向最为有利。

(2) 隧道应避开断层破碎带，当必须穿过时，宜以大角度穿过。

(3) 隧道应避开岩溶强烈发育区、地下水富集区及地层松软地带。

(4) 地质构造复杂、岩体破碎、堆积层厚等工程地质条件较差的傍山隧道,宜向山脊线内移,加长隧道,避免短隧道群。

(5) 隧道洞口应选择在山坡稳定、覆盖层薄、无不良地质条件之处,宜早进洞、晚出洞。

(6) 隧道宜避开高地应力区,不能避开时,洞轴宜平行最大主应力方向。

第五节 地质灾害认识与防治

我国地质灾害种类繁多,分布面广,是灾情最为严重的几个国家之一。随着经济的发展和自然环境的破坏,地质灾害发生的频度和规模有逐年增加的趋势,这给人民群众的生命财产安全造成了极大的威胁。加强防灾减灾工作已成为促进经济建设和维护社会安定的重要任务。我国政府非常重视防灾减灾工作,并为此成立了专门的领导机构,落实了各项措施。多年的抗灾救灾经验告诉我们,只有认真贯彻执行"以防为主、防治结合"的方针,加强对各种地质灾害的监测,注重对地质灾害的危险性进行评价,积极开展地质灾害预报预警工作,对可能发生的地质灾害进行预防与治理,对突发性灾害建立防治应急指挥系统,才能将地质灾害造成的损失降到最低程度。

一、地质灾害的概念

(一) 灾害的定义与类型

灾害是由自然因素或人为因素引起的不幸事件或过程。它对人类的生命财产及人类赖以生存和发展的资源与环境造成危害和破坏。联合国减灾组织(United Nation Disaster Reduction Organization, UNDRO)(1984)给灾害下的定义是:一次在时间和空间上较为集中的事故,事故发生期间当地的人类群体及其财产遭到严重的威胁并造成巨大损失,以致家庭结构和社会结构也受到了不可忽视的影响。联合国灾害管理培训教材把灾害明确地定义为:自然或人为环境中对人类生命、财产和活动等社会功能的严重破坏,引起广泛的生命、物质或环境损失。这些损失超出了受影响社会靠自身资源进行抵御的能力。

(二) 地质灾害及其内涵

地质灾害是指在地球的发展演化过程中,由各种自然地质作用和人类活动所形成的灾害性地质事件。地质灾害在时间和空间上的分布及变化规律,既受制于自然环境,又与人类活动有关,后者往往是人类与地质环境相互作用的结果。一般认为,地质灾害是指由于地质作用(自然的、人为的或综合的)使地质环境产生突发的或渐进的破坏,并造成人类生命财产损失的现象或事件。地质灾害与气象灾害、生物灾害等都是自然灾害的一个主要类型,具有突发性、多发性、群发性和渐变影响等特点。由于地质灾害往往造成严重的人员伤亡和巨大的经济损失,所以在自然灾害中占有突出的地位。

(三)常见地质灾害

1. 地震

我国地处世界两个最活跃的地震带上,东频临环太平洋地震带,西部和西南部是欧亚地震带所经过的地区,是世界上多地震的国家之一,地震灾害在世界上居于首位。同时地震灾害也是我国最主要的地质灾害。

2. 崩塌、滑坡和泥石流

作为地质灾害的主要灾种,崩塌、滑坡和泥石流(以下简称崩滑流)具有突发性强、分布范围广和一定的隐蔽性等特点,每年都造成巨大的经济损失和人员伤亡,是国民经济建设及社会发展的严重制约因素。

3. 地面塌陷

在我国地面塌陷可分为岩溶塌陷、采空塌陷及黄土湿陷 3 种。它们对国民经济建设和人民生命财产造成了严重危害,而且随着人类工程经济活动的日益增强,其危害程度也将越来越大。

4. 地面沉降和地裂缝

从成因上看,地面沉降和地裂缝绝大多数是由地下水的超量开采所致。有些地区还有其他成因,如地壳运动、石油开采等,但同时都伴有地下水过量开采的因素。地裂缝的主要危害是造成房屋开裂、破坏地面设施和农田漏水。

5. 水土流失

水土流失又称土壤侵蚀,是一种累进性或渐变性的地质灾害。它所造成的危害是很严重的,而且在我国环境状况持续不见好转的情况下,有愈演愈烈的趋势。

6. 土地沙漠化

沙漠化的发展,不但影响土地质量和农作物生长,随着地表形态发生改变,也迫使土地利用方向发生改变,而且直接危害到人类的经济活动和生活环境。其危害表现为:破坏农业生产;使草场退化,使牲畜质量、数量下降;阻塞交通;影响工程建设;破坏生态环境。

二、山区地质灾害认识与防治

(一)滑坡

1. 定义

滑坡是指斜坡土体和岩体在重力作用下失去原有的稳定状态,沿着斜坡内某些滑动面(或滑动带)作整体向下滑动的现象。

2. 滑坡的形态要素

一个典型滑坡所具有的基本形态要素如图 3-33 所示,其说明如下。

(1)滑体。与母体脱离经过滑动的那部分岩土体。岩土体内部相对位置基本不变,还能保持原来的层序和结构面网络,但由于滑动作用,在滑坡体中有时出现褶皱和断裂现象,岩土体结构也会松动。

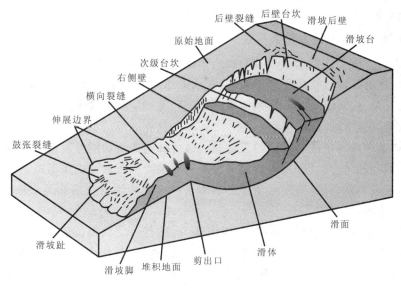

图 3-33 滑坡形态要素示意图

(2)滑床。滑坡体之下未经滑动的岩土体。它保持原有的结构而未变形,只是在靠近滑坡体部位有些破碎。

(3)滑动面(带)。滑坡体与滑坡床之间的分界面。由于滑动过程中滑坡体与滑坡床之间相对摩擦,滑动面附近的土石受到揉皱、辗磨作用,可形成厚数厘米至数米的滑动带。所以滑动面往往是有一定厚度的三度空间。根据岩土体性质和结构的不同,滑动面的形状多种多样,大致可分为圆弧状、平面状和阶梯状等。一个多期活动的大滑坡体,往往有多个滑动面,一定要分清主滑面与次滑面、老滑面与新滑面,尤其要查清高程最低的那个滑动面。

(4)滑坡周界。滑坡体与周围未变位岩土在平面上的分界线。它圈定了滑坡的范围。

(5)滑坡壁。滑坡体后缘由于滑动作用所形成的母岩陡壁,坡角多为 35°~80°,平面上往往呈圈椅状。滑坡壁上经常可以见到铅直方向的擦痕。

(6)滑坡台阶。滑坡体下滑时各部分运动速度不同而形成的一些错台。大滑坡体上可见到数个不同高程的台面和陡坎。

(7)滑坡舌(滑坡前缘)。滑坡体前部伸出如舌状的部位。它往往伸入沟谷、河流,甚至对岸。最前端滑坡面出露地表的部位,称滑坡剪出口。研究滑坡剪出口高程对研究滑坡的形成年代以及滑坡与该地区近期地壳抬升运动的关系有重要意义。

(8)滑坡裂隙。由于滑坡体在滑动过程中各部位受力性质和大小不同,滑速也不同,因而不同部位产生不同力学性质的裂隙,有张拉裂隙、剪切裂隙、鼓张裂隙和扇形裂隙等。张拉裂隙位于滑体后部,有时滑床后壁附近也有,呈弧形分布,与滑动方向垂直。剪切裂隙呈羽状分布于滑坡体中前部的两侧,它是因滑坡体与滑坡床之间相对位移的力偶作用而形成的,与滑动方向斜交。鼓张裂隙一般分布于滑体前缘,由于滑体后部的推挤鼓起而成,与滑动方向垂直。扇形裂隙位于滑体舌部,是因前部岩土体向两侧扩散而产生的,作放射状分布,呈扇形。

(9)主滑线。滑坡在滑动时,滑体运动速度最快的纵向线。它代表整个滑坡滑动方向,位于滑床凹槽最深的纵断面上,可为直线或曲线。

除上述要素外,还有一些滑坡标志,如封闭洼地、滑坡鼓丘、滑坡泉、马刀树、醉汉林等可以帮助人们识别滑坡。

3. 滑坡的形成条件及诱发因素

（1）岩土类型。岩土体是产生滑坡的物质基础。一般说，各类岩、土都有可能构成滑坡体，其中结构松散、抗剪强度和抗风化能力较低、在水的作用下其性质能发生变化的岩、土，如松散覆盖层、黄土、红黏土、页岩、泥岩、煤系地层、凝灰岩、片岩、板岩、千枚岩等及软硬相间的岩层所构成的斜坡易发生滑坡。

（2）地质构造条件。组成斜坡的岩土体只有被各种构造面切割分离成不连续状态时，才有可能成为向下滑动的条件。同时，构造面又为降雨等水流进入斜坡提供了通道。故各种节理、裂隙、层面、断层发育的斜坡，特别是当平行和垂直斜坡的陡倾角构造面及顺坡缓倾的构造面发育时，最易发生滑坡。

（3）地形地貌条件。只有处于一定的地貌部位，具备一定坡度的斜坡，才可能发生滑坡。一般江、河、湖（水库）、海、沟的斜坡，前缘开阔的山坡、铁路、公路和工程建筑物的边坡等都是易发生滑坡的地貌部位。坡度大于10°、小于45°，下陡、中缓、上陡，上部成环状的坡形是最容易产生滑坡的。

（4）水文地质条件。地下水活动，在滑坡形成中起着主要作用。它的作用主要表现在：软化岩、土，降低岩土体的强度，产生动水压力和孔隙水压力，潜蚀岩、土，增大岩、土容重，对透水岩层产生浮托力等。尤其是对滑面（带）的软化作用和降低强度的作用最突出。

（5）诱发因素。主要的诱发因素有：地震、降雨和融雪、地表水的冲刷、浸泡、河流等地表水体对斜坡坡脚的不断冲刷；不合理的人类工程活动，如开挖坡脚、坡体上部堆载、爆破、水库蓄（泄）水、矿山开采等都可诱发滑坡；还有如海啸、风暴潮、冻融等作用也可诱发滑坡。

4. 滑坡的防治

（1）消除和减轻水的危害。滑坡的发生常和水的作用有密切的关系。水的作用，往往是引起滑坡的主要因素，因此，消除和减轻水对边坡的危害尤其重要。其目的是：降低孔隙水压力和动水压力，防止岩土体的软化及溶蚀分解，消除或减小水的冲刷和浪击作用。具体做法有：防止外围地表水进入滑坡区，可在滑坡边界修截水沟；在滑坡区内，可在坡面修筑排水沟；在覆盖层上可用浆砌片石或人造植被铺盖，防止地表水下渗；对于岩质边坡还可用喷混凝土护面或挂钢筋网喷混凝土。排除地下水的措施很多，应根据边坡的地质结构特征和水文地质条件加以选择。常用的方法有水平钻孔疏干、垂直孔排水、竖井抽水、隧洞疏干、支撑盲沟。

（2）改善边坡岩土力学强度。通过一定的工程技术措施，改善边坡岩土体的力学强度，提高其抗滑力，减小滑动力。常用的措施有以下几个。①削坡减载。用降低坡高或放缓坡角来改善边坡的稳定性。削坡设计应尽量削减不稳定岩土体的高度，而阻滑部分岩土体不应削减。此法并不总是最经济、最有效的措施，要在施工前做经济技术比较。②边坡人工加固。常用的方法有：修筑挡土墙、护墙等支挡不稳定岩体；钢筋混凝土抗滑桩或钢筋桩作为阻滑支撑工程；预应力锚杆或锚索，适用于加固有裂隙或软弱结构面的岩质边坡；固结灌浆或电化学加固法加强边坡岩体或土体的强度；SNS边坡柔性防护技术等；镶补沟缝，对坡体中的裂隙、缝、空洞，可用片石填补空洞或水泥沙浆沟缝等以防止裂隙、缝、洞的进一步发展。

(二)崩塌

1. 定义

崩塌是位于陡崖、陡坎、陡坡上的土体、岩体及它们的碎屑物质在重力作用下失稳而突然脱离母体发生崩落、滚动、倾倒、翻转堆积在山体坡脚和沟谷的地质现象。它又称之为崩落、垮塌或塌方。

2. 崩塌的形成条件及影响因素

1）地形地貌

地形地貌主要表现在斜坡坡度上。从区域地貌条件看，崩塌形成于山地、高原地区；从局部地形看，崩塌多发生在高陡斜坡处，如峡谷陡坡、冲沟岸坡、深切河谷的凹岸等地带。崩塌多发生于坡度大于55°、高度大于30 m、坡面凹凸不平的陡峻斜坡上。

2）地层岩性与岩体结构

岩性对岩质边坡的崩塌具有明显控制作用。一般来讲，块状、厚层状的坚硬脆性岩石常形成较陡峻的边坡，若构造节理和(或)卸荷裂隙发育且存在临空面，则极易形成崩塌。相反，软弱岩石易遭受风化剥蚀，形成的斜坡坡度较缓，发生崩塌的机会小得多。

3）地质构造

各种构造面，如节理、裂隙、层面、断层等，对坡体的切割、分离，为崩塌的形成提供脱离体(山体)的边界条件。坡体中的裂隙越发育，越易产生崩塌。与坡体延伸方向近乎平行的陡倾角构造面，最容易导致崩塌的形成。

4）风化作用

风化作用也对崩塌形成有一定影响。风化作用能使斜坡前缘各种成因的裂隙加深加宽，对崩塌的发生起催化作用。干旱、半干旱气候区，由于物理风化强烈，导致岩石极易破碎而发生崩塌。高寒山区的冰劈作用也容易导致崩塌的形成。

5）人为影响因素

地震、人工爆破和列车行进时产生的振动可能诱发崩塌。地震时，地壳的强烈震动可使边坡岩体中各种结构面的强度降低，甚至改变整个边坡的稳定性，从而导致崩塌的产生。因此，在硬质岩层构成的陡峻斜坡地带，地震更易诱发崩塌。

修建铁路或公路、采石、露天开矿等人类大型工程开挖常使自然边坡的坡度变陡，从而诱发崩塌。如工程设计不合理或施工措施不当，则更易产生崩塌。开挖施工中采用大爆破的方法使边坡岩体因受到振动破坏而发生崩塌的事例屡见不鲜。

3. 崩塌灾害防治的一般措施

1）主动撤离、躲避

2）防护措施

其指采用遮拦建筑物，对崩塌运动的岩土体进行消能拦挡，限制崩塌体的运动速度，同时对建筑物进行遮拦，隔离崩塌体与受灾体，使之不能成灾。主要防护措施有：山坡拦石沟、落石沟、落石槽、落石平台、拦石桩、障桩、拦石墙(混凝土拦石墙、笼式拦石墙、钢轨拦石墙、钢丝拦石墙)、拦石网，遮挡明洞、棚洞。

3) 地质体改造措施

地质体改造内容是多方面的,包括地质体材料、结构面、结构体和环境条件的改造。

(1)地质体材料的强化改造一般采用注浆加固,常用水泥、水玻璃、环氧树脂和化学灌浆。

(2)结构面的强化改造。岩体表面一般采用喷混凝土或挂网喷锚,进行岩土体表面处理,用以提高岩土体表面结构完整性和表层强度,多用于崩塌危岩体临空面处理和地下洞室或采空区处理。

岩体内部结构面的强化改造可采用灌浆增加结构面之间的联结力;采用锚固(预应力、柔性结构)增加结构面之间的法向应力,用以增加其摩阻力;采用抗滑桩、抗滑键楔(刚性结构)以及桩锚、键锚结合等工程,增加结构面之间的摩阻力和支撑力。

(3)结构体改造。主要指对崩滑体的形态、体积、重量、结构进行较大规模的改造和重新配置,以减少其重力形成的变形破坏力,增加支撑力和平衡力,改善其力学平衡条件,提高崩塌体的稳定性。主要措施有:顶部刷方减重;削坡降低坡度;坡脚堆载、支挡、锚固或反压,常采用堆筑土石扶壁反压、加筋土石扶壁墙、浆砌石挡墙、混凝土框架墙、锚索墙等;采空回填支撑,常采用混凝土键、柱、浆砌石、毛石等回填支撑空区;倾倒、悬空危岩支撑,常采用浆砌石、混凝土墙、柱、梁等进行支顶、支撑、嵌补,为其增加支撑结构体。

(4)地质环境条件的改造。①水域边岸崩滑体坡脚防护。主要措施有抛石护坡、防波堤、护坡墙、导水墙、丁坝、拦沙坝等。其中导水墙、丁坝的原理是疏导高速水流或改变主流线,避免直接冲刷坡脚或降低流速。拦沙坝是在紧邻崩滑体下游筑坝,以减轻水流冲蚀并造成淤沙反压坡脚。②地表排水工程。主要包括防渗工程和排水工程。防渗工程主要是疏干并改造崩滑体范围内的地表水塘和积水洼地,封闭地表裂缝,对易入渗地段进行坡面防渗(喷浆、抹面、铺填黏性土等)、增加植被。排水工程包括修筑集水沟和排水沟,拦截并排出地表水。③地下排水工程。地下防渗工程:用防水帷幕截断地下水。地下排水工程:水平排水孔、水平排水隧洞、竖直集水井、泄水洞、洞孔联合、井洞联合等。④抗风化工程。填缝、灌浆、抹面、喷浆、嵌补等。

(三)泥石流

1. 概述

泥石流是指发生在山区的暂时性急水流。泥石流常在暴雨(或融雪、冰川、水体溃决)激发下产生。具有暴发突然、来势凶险、运动快速、能量巨大、冲击力强、破坏性大和过程短暂等特点。泥石流对山区开发和建设危害很大,尤其对点多线长的山区铁路、公路和水利等设施的危害更为突出。

2. 泥石流的形成条件

泥石流的形成,必须同时具备3个基本条件。它们是地形条件、地质条件和气象水文条件。

1)地形条件

泥石流总是发生在陡峻的山岳地区,一般是顺着纵坡降较大的狭窄沟谷活动的,可以是干涸的嶂谷、冲沟,也可以是有水流的河谷。每一处泥石流自成一个流域。典型的泥石流流域可以分为形成区、流通区和堆积区3个区段(图3-34)。

(1)泥石流形成区(上游)。为三面环山、一面出口的半圆形宽阔地段,周围山坡陡峻,多为30°~60°的陡坡。其面积大者可达数平方千米至数十平方千米。坡体往往光秃破碎,无植被

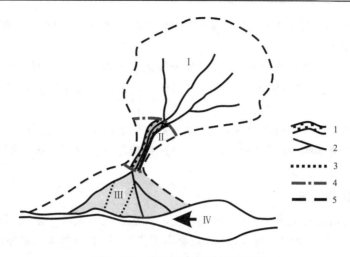

图 3-34 典型泥石流流域示意图

Ⅰ.泥石流形成区;Ⅱ.泥石流流通区;Ⅲ.泥石流堆积区;Ⅳ.泥石流堵塞河流形成的湖泊;
1.峡谷;2.有水沟床;3.无水沟床;4.分区界线;5.流域界线

覆盖。斜坡常被冲沟切割,崩塌、滑坡发育。这样的地形条件,有利于汇集周围山坡上的水流和固体物质。

(2)泥石流流通区(中游)。泥石流流通区是泥石流搬运通过的地段,多为狭窄而深切的峡谷或冲沟。谷壁陡峻而纵坡降较大,多陡坎和跌水。所以泥石流物质进入本区后具极强的冲刷能力,将沟床和沟壁上的土石冲刷下来携走。流通区纵坡的陡缓、曲直和长短,对泥石流的破坏强度有很大影响。当纵坡陡长而顺直时,泥石流流动顺畅,可直泄下游,造成很大的危害,反之,则由于易堵塞停积或改道,因而削弱了能量。

(3)泥石流堆积区(下游)。泥石流堆积区是泥石流物质的停积场所,一般位于山口外或山间盆地边缘,地形较平缓。由于地形豁然开阔平坦,泥石流的动能急剧变小,最终停积下来,形成扇形、锥形或带形的堆积体。典型的地貌形态为洪积扇,地面往往垄岗起伏,坎坷不平,大小石块混杂。由于泥石流复发频繁,所以堆积扇会不断淤高扩展,到一定程度逐渐减弱泥石流对下游地段的破坏作用。

以上所述的是典型泥石流流域的地形地貌的情况。由于泥石流流域的地形地貌条件不同,有些泥石流流域上述 3 个区段就不易分开,甚至流通区或堆积区有可能缺失。

2)地质条件

地质条件决定了松散固体物质的来源,也为泥石流活动提供了动能优势。泥石流强烈活动的山区,都是地质构造复杂、岩石风化破碎、新构造运动活跃、地震频发、崩滑灾害丛生的地段。这样的地段,既为泥石流活动准备了丰富的固体物质来源,又因地形高耸陡峻,高差对比大,具有强大的动能优势。例如,南北向地震带是我国最强烈的地震带,也是我国泥石流最活跃的地带,其中的东川小江泥石流、西昌安宁河泥石流、武都白龙江泥石流和天水渭河泥石流,都是我国最著名的泥石流带。

在泥石流形成区内有大量易于被水流侵蚀冲刷的疏松土石堆积物,是泥石流形成的最重要条件。堆积物的成因多种多样,有重力堆积的、风化残积的、坡积的、冰碛的或冰水沉积的等类型。粒度成分相差悬殊,巨大的漂砾和细小的粉、黏粒互相混杂。一旦湿化饱水后,易于坍塌而被冲刷。此外,泥石流源地常见的基岩,往往是片岩、千枚岩、泥页岩和凝灰岩等软弱岩层。

3)气象水文条件

泥石流形成必须有强烈的地表径流,它为爆发泥石流提供动力条件。泥石流的地表径流来源于暴雨、冰雪融化和水体溃决等。由此可将泥石流划分为暴雨型、冰雪融化型和水体溃决型等类型。

在冰川分布和大量积雪的高山区,当夏季冰雪强烈消融时,可为泥石流提供丰富的地表径流。西藏东部的波密地区、新疆的天山山区即属这种情况。在这些地区,泥石流形成有时还与冰川湖的突然溃决有关。

3. 泥石流的防治措施

为了有效地防治泥石流灾害,应从山地环境的特点和泥石流演化发展规律出发,贯彻综合治理的原则,全面规划整个泥石流沟流域,并突出重点;工程措施与生物措施相结合,要因地制宜,因害设防。

泥石流形成区是全流域防治的重点地段。一般采用植树造林和护坡草坡,来加强水土保持,并修建坡面排水系统调节地表径流,以防止沟源侵蚀。采取上述措施的目的,是为了减少或消除泥石流固体物质的补给来源,以控制泥石流的爆发。

泥石流流通区一般修筑拦挡工程。最常采用的措施是沿沟修筑一系列不高的低坝或石墙,以拦截泥石。坝高一般 5m 左右,坝身上应留有水孔以排泄水流。为了使较多的泥石停积下来,必须选择合适的额坝距。

泥石流堆积区一般采用排导措施,以保护附近的居民点、工况企业、农田及交通线路。主要的排导工程是泄洪道和导流堤。

泄洪道能起到顺畅排泄泥石流的作用,使之在远离保护区停积下来。泄洪道应尽可能布置成直线形,其纵坡、横断面、深度等,要根据当地情况具体考虑。导流堤能起到引导泥石流转向的作用,必须修筑于出口处,以确保被保护对象的安全。这种措施还要有合适的停积场地与之配套。

此外,为了确保交通线路的安全,还需采取一些行之有效的专门防治措施,如跨越泥石流的桥梁、涵洞,穿越泥石流的护路明洞、护路廊道、隧道、渡槽等防护工程。

在泥石流形成区,由于地形开阔且坡体极不稳定,一般是不允许线路通过的,所以交通线路应选择在流通区和停积区通过。

在泥石流流通区通过的路线,要修建跨越桥,此处地形狭窄,工程量较小。但因冲刷强烈,桥梁易受损坏。所以,只有在线路有足够的高程,沟壁又比较稳定的情况下才能通过。

在泥石流停积区,可有扇前绕避、扇后绕避及扇身通过等几种方案加以比较。扇前绕避方案,即是在洪积扇的前部绕过。如果洪积扇的前部已紧靠河岸,则不得不修筑跨河桥在河的对岸绕过。扇后绕避方案,即是在洪积扇的后部通过,此处为流通区和停积区的过渡地带,冲刷已不严重,大量堆积又未开始,所以是比较理想的方案。最好用高、净、空大跨度单孔桥或明洞、隧道的工程形式通过。扇身通过的方案,原则上应该是愈靠近扇前部愈好,而且需修建跨扇桥。由于洪积扇的不断发展,将会迫使线路不断改变。

总之,在泥石流地段选择交通路线时,应尽量绕避泥石流分布集中且危害严重的地段。当受其他条件限制而必须通过时,则应根据泥石流的特点,从受影响较小的部位,采用最经济、安全的工程形式通过。

第四章 秭归实习区工程概况

第一节 水利水电工程

秭归水力资源十分丰富,除长江外,县境内有 10 条河流,水能蕴藏量为 17.77 万 kW,全县电站装机容量已达到 8.4 万 kW,是全国农村水电中级电气化建设试点县。

一、三峡工程

秭归县境内的主要水利工程为三峡工程。三峡工程全称为长江三峡水利枢纽工程,是中国、也是世界上最大的水利枢纽工程,是治理和开发长江的关键性骨干工程。

三峡工程大坝坝址选定在宜昌市三斗坪,在已建成的葛洲坝水利枢纽上游约 40km 处。长江水运可直达坝区。工程开工后,修建了宜昌至工地长约 28km 的准一级专用公路及坝下游 4km 处的跨江大桥——西陵长江大桥。还修建了一批坝区码头。坝区已具备良好的交通条件。

坝址区河谷开阔,两岸岸坡较平缓,江中有一小岛(中堡岛),具备良好的分期施工导流条件(图版Ⅶ-6)。枢纽建筑物基础为坚硬完整的花岗岩体,岩石抗压强度约 100MPa;岩体内断层、裂隙不发育,大多胶结良好、透水性微弱。这些因素构成了修建混凝土高坝的优良地质条件。

三峡工程水库正常蓄水位为 175m,总库容量为 393 亿 m^3;水库全长 600 余千米,平均宽度为 1.1km;水库面积为 1 084 km^2。具有防洪、发电、航运等巨大的综合效益。

整个工程包括一座混凝重力式大坝、泄水闸、一座堤后式水电站、一座永久性通航船闸和一架升船机。三峡工程建筑由大坝、水电站厂房和通航建筑物三大部分组成。

(一)枢纽布置

三峡工程枢纽主要建筑物由大坝、水电站、通航建筑物三大部分组成。

枢纽总体布置方案为:泄洪坝段位于河床中部,即原主河槽部位,两侧为电站坝段和非溢流坝段;水电站厂房位于两侧电站坝段后,另在右岸留有后期扩机的地下厂房位置;永久通航建筑物均布置于左岸。三大部分建筑物布置从右至左依次见三峡工程枢纽平面布置示意图(图版Ⅶ-7)。

(1)挡水泄洪建筑物。由混凝土重力坝的非溢流坝段和溢流坝段组成,坝轴线全长 2 310 m。非溢流坝段用来挡水;溢流坝段顶部装有弧形闸门,非汛期闸门关闭,用来挡水,汛期闸门打开,用来泄洪。大坝坝顶高程(采用的是以吴淞口海平面为零点的高程,以下同)为 185m,最大坝高为181m(新鲜花岗岩岩面高程为4m)。

(2)水力发电建筑物。由左、右两侧各一座坝后式水电站厂房组成,两座厂房均紧靠混凝土重力坝的下游坡脚。左侧厂房内安装单机容量为70万kW的水轮发电机组14台,右侧厂房内安装同样容量的水轮发电机组12台,共安装26台,装机总容量为1 820万kW。

(3)通航建筑物。由双线五级连续梯级船闸、钢丝绳平衡重式垂直升船机和施工期通航用的临时船闸组成,均位于左岸。双线五级连续梯级船闸每年下水货运通过能力为5 000万t,垂直升船机每次可通过一艘3 000t级客轮,临时船闸每年下水货运通过能力为1 000万t。

(二)设计

三峡工程的设计工作由水利部长江水利委员会全面承担。在三峡水利枢纽设计中,大坝、水电站厂房、永久船闸、垂直升船机、二期上游围堰等属于重要单项技术设计。

1992年全国人民代表大会审议通过的三峡工程设计方案是:水库正常蓄水位为175m,初期蓄水156m,大坝坝顶高程为185m,"一级开发,一次建成,分期蓄水,连续移民"。按初步设计方案,三峡工程土石方开挖约1亿m^3,土石方填筑约3 000万m^3,混凝土浇筑约2 800万m^3,金属结构安装约26万t。结合施工期通航的要求,三峡工程采取分三期导流的方式施工。一期围中堡岛以右的支汊,主河槽继续过流、通航。在一期土石围堰保护下,开挖导流明渠,修建混凝土纵向围堰及三期碾压混凝土的基础部分,同时在左岸修建临时船闸,并进行升船机、永久船闸及左岸1~6号机组厂、坝的施工。一期工程包括准备工程在内共安排工期5年。二期围左部河床、截断大江主河床,填筑二期上、下游横向土石围堰,在二期围堰保护下修建河床泄流坝段、左岸厂房坝段及电站厂房,继续修建永久船闸和升船机,江水改由右岸导流明渠宣泄,船舶由明渠和左岸临时船闸通过。二期工程具备挡水和发电、通航条件后,进行明渠截流,利用明渠的碾压混凝土围堰及左岸大坝挡水,蓄水至135m时,永久船闸及左岸部分机组开始投入运行。二期工程共安排工期6年。三期封堵明渠时,先填筑三期上、下游土石围堰,在其保护下,浇筑三期上游碾压混凝土围堰至140m高程,水库水位由已建成的河床泄流坝段的导流底孔及永久深孔调节。在三期围堰保护下修建右岸厂房坝段、电站厂房及非泄流坝段,直至全部工程竣工。三期工程安排工期6年。

1. 单项设计

(1)大江截流和二期围堰工程。三峡工程大江截流是在已建的葛洲坝水库内进行的。截流水深达60m,居世界首位;截流最大流量为11 600m^3/s,超过国内外水利工程实际最大截流流量;截流工程量大,施工强度高;截流段河床地形、地质条件复杂,截流期间不允许断航。为此,中国三峡总公司决定在导流明渠提前导流通航的前提下,采用平抛填底、缩小龙口宽度等措施。1997年11月8日,大江截流成功。

二期上、下游横向围堰是三峡工程二期施工的屏障。上游围堰设计洪水标准为百年一遇(洪峰流量为83 700m^3/s),并按200年一遇洪水88 400m^3/s不漫顶做校核。下游围堰设计洪水标准为50年一遇(洪峰流量为79 000m^3/s)。二期围堰工程量特别大,施工期仅约半年,工期紧迫,施工强度特别高,且约80%的堰体填筑量需采用水下抛投施工,无法采取机械碾压。经比较,二期围堰采用砂石堰壳、混凝土防渗墙心墙上接土工织物防渗的方案。

大江截流合龙后,业主、施工单位配备大批大型施工设备对围堰进行高强度的填筑和防渗墙施工。为了防止在水下抛投的松散的风化砂中造孔坍塌,设计上采取了振冲加密、灌浆堵漏、小药量爆破、埋管灌浆等工艺。上游围堰于 2002 年 5 月 1 日破堰进水,下游围堰于 2002 年 7 月破堰进水。

(2)导流明渠截流和三期围堰工程。导流明渠截流是三峡二期转向三期工程建设的标志。此次截流采用双戗双向立堵方式,合龙时段选在 2002 年 11 月下半月,设计流量为 10 300m³/s,截流落差达 4.11m。截流施工自 2002 年 11 月 1 日开始,非龙口段进占,导流明渠断航;11 月下半月截流合龙。上、下游截流龙口宽分别为 150m 和 140m,龙口部位均设置加糙拦石坎。

三期上游土石围堰为Ⅳ级临时建筑物,设计洪水标准为 17 600m³/s。围堰轴线全长约 427m,主要由风化砂、反滤料石渣、石渣混合料和块石填筑而成。

三期下游土石围堰为Ⅲ级临时建筑物设计,设计洪水标准为 79 000m³/s。围堰轴线全长约 415m,主要由风化砂、反滤料石渣、石渣混合料和块石填筑而成。

三期 RCC(碾压混凝土)围堰为Ⅰ级临时建筑物,设计洪水标准为 72 300m³/s。三期 RCC 为重力式坝型,围堰顶高程为 140m,顶宽 8m,最大底宽 107m,最大堰高 115m。围堰基础采用帷幕灌浆防渗,幕后钻设基础排水孔。

右岸导流明渠截流与三期土石围堰工程于 2002 年 8 月开工,2003 年 1 月完工。右岸三期 RCC 围堰工程于 2002 年 8 月开工,2003 年 6 月完工。

(3)大坝和电站厂房。大坝和电站厂房为一级建筑物,按 1 000 年一遇洪水设计。三峡工程的大坝有 3 类,即泄流坝段、电站厂房坝段和非泄流坝段。大坝整体断面按照重力坝设计的规范进行设计,采用挑流消能形式。三峡大坝的基础岩体坚硬完整,大坝设计地震烈度为Ⅵ度。三峡电站厂房的规模很大,结构也较复杂。三峡电站采用 70 万 kW 的机组,总装机 26 台,厂房总长度为 1 228m,全部采用坝后式厂房。每台机组用一条直径 12.4m 的引水钢管,管内流速为 8m/s。采用导排为主的方案,处理泥沙淤积和漂浮物,左、右岸电站共设置 7 个排沙孔和 3 个排漂孔。厂房对外交通采用公路,重、大部件由水路运至坝区下游,用大型拖车运至厂内。电站的出线共 13 个回路,左岸电站 7 回,右岸电站 6 回,跨越下游尾水渠分别向左、右两岸送出。

(4)双线五级船闸高陡边坡稳定和变形。双线五级船闸布置在大坝左侧的山体内。船闸线路总长 6 442m,因船闸上、下游最大水头为 113m,故设五级闸室分担水头。双线船闸主体段全部位于新鲜基岩内,其两侧高陡边坡最大开挖深度达 170m;两线船闸间保留宽 60m 的岩石中隔墩,闸室底部为高约 60m 的直立墙。船闸闸室采用薄混凝土衬砌结构,需依靠岩体自身维持结构稳定。深挖高陡岩石边坡的稳定和变形量(特别是开挖完成后的残余变形量),是工程设计和施工中需要特别重视的问题。根据多年研究的成果,设计采取设置防渗和排水系统、控制爆破、喷锚支护及预应力锚索、高强锚杆加固等一系列措施。船闸地表设有防渗和排水系统,以防止和减少地面水渗入。为控制和降低渗水压力,船闸主体段两侧山体内,各布置有 7 层共 14 条贯通全长的排水洞,各层排水洞间设有排水孔帷幕。永久船闸开挖总量近 4 000 万 m³,其中大部分为需进行爆破的坚硬岩石。设计中,对开挖爆破震动影响给予了特别的重视。在实地爆破试验的基础上,对爆破程序、爆破参数做了严格的控制,规定采用预留保护层和预裂爆破、光面爆破等防震工艺,并严格控制梯段爆破的单段起爆药量。为了保证高陡边坡的稳定和限制其变形,除施工期及时进行锚杆和喷混凝土支护外,边坡设有约 3 600 余束 300t 级的预应力锚索和约 10 万根高强系统结构锚杆。

为监测船闸施工期和运行期的安全,永久船闸设置了内容广泛的安全监测系统,包括地面变形精密三角测量系统、地下水观测系统、岩体深部变形观测仪埋系统、锚杆锚索应力应变观测系统、爆破震动影响和岩体松弛监测等。

(5)高强度混凝土浇筑。三峡工程主体和导流建筑物混凝土总量达 2 800 万 m^3，1999—2001 年是混凝土施工的高峰年，年浇筑强度均在 400 万 m^3 以上。2000 年，计划浇筑混凝土 540 万 m^3，相应月高峰浇筑强度达 50~55 万 m^3，远远超出国内外已建工程的最高水平。

为了保证三峡大坝的高强度施工，多年来对各种可能的施工方案和主要施工机械进行过长期的比较和研究。最后选用的是塔带机与胎带机、高架门机、缆机相结合的综合机械化施工方案。塔带机是一种新型的混凝土浇筑机械，可实施从拌合楼至浇筑仓面的工厂化、连续式混凝土生产、运输、提升，直至入仓浇筑。这一方案具备高强度浇筑混凝土的显著优点。

(6)水轮发电机组。三峡水电站将安装 26 台单机容量为 70 万 kW 的水轮发电机组，供电范围跨华中、华东和西南三大电网，还将与华北、华南联网。单机容量为 70 万 kW 的三峡水电站水轮发电机组，属于世界最大的水电机组。它不仅单机容量特别大，因防洪和排沙的需要，在汛期需降低水位运行，故其运行水头变幅很大，达 52m，最大水头(113m)与最小水头(71~61m)的比值达 1.59~1.85。在此巨大水位变幅的条件下，既要确保机组运行稳定性，又要具有较优的效率，加之气蚀特性，给机组设计、制造和安装带来的特大难度超过世界上已有的任何大型机组。

(7)升船机。升船机是用于客轮快速过坝的重要通航建筑物，承船箱有效尺寸同葛洲坝 3 号船闸(长 120m、宽 18m、船箱水深 3.5m)，一次可以通过一条 3 000t 级的客货轮或一条 895kW 推轮顶推的 1 500t 级驳船。升船机为单线一级垂直提升式，采用带平衡重的钢丝绳卷扬提升方式。升船机与临时船闸毗邻布置在左岸，升船机位于临时船闸左侧，由上游引航道、上闸首、升船机主体、下闸首及下游引航道等主要部分组成。

目前世界上已知和在建的大型垂直升船机的提升高度均在 100m 以内，承船箱带水重量也在 9 000t 以下，上、下游通航水位变幅很小。而三峡升船机提升高度为 113m，船箱带水重量达 11 800t，上游永久通航期最大变幅 30m，下游通航水位变幅也达 12m，且变率快。可见，三峡升船机的规模和技术复杂程度均属世界水平。

2. 主要水工建筑物

(1)大坝(图 4-1)。拦河大坝为混凝土重力坝，坝轴线全长 2 335m，坝顶高程为 185m，最大坝高 181m。泄洪坝段位于河床中部，前缘总长 483m，设有 23 个泄洪深孔，底高程为 90m，深孔尺寸为 7m×9m，其主要作用是泄洪；22 个泄洪表孔，底高程为 158m，尺寸为 8m×17m，其主要作用是泄洪；22 个底孔(用于三期施工导流)，底高程为 57m，尺寸为 6m×8.5m，其作用为临时泄洪和导流明渠截流之后过水。下游采用鼻坎挑流方式进行消能，减少水流的冲击力。

电站坝段位于泄洪坝段两侧，设有电站进水口。进水口底板高程为 108.8m。压力输水管道为背管式，内直径为 12.40m，采用钢衬钢筋混凝土联合受力的结构形式，枢纽最大泄洪能力可达 102 500m^3/s，可宣泄可能出现的最大洪水。

(2)水电站。水电站采用坝后式布置方案，共设有左、右两组厂房。共安装 26 台水轮发电机组，其中左岸厂房 14 台，右岸厂房 12 台。水轮机为混流式，机组单机额定容量 70 万 kW。

右岸山体内留有为后期扩机的地下电站位置。其进水口将与工程同步建成。

(3)通航建筑物。通航建筑物包括永久船闸(图版Ⅶ-8)和升船机(图版Ⅷ-1)，均位于左

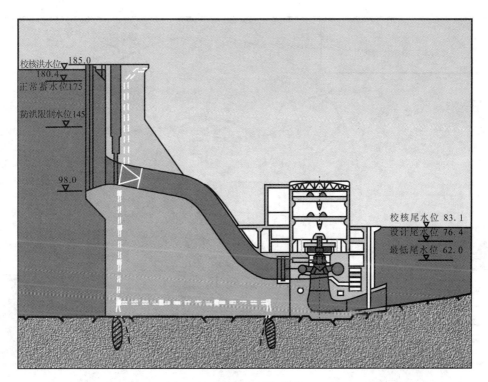

图 4-1 大坝剖面图(单位:m)

岸山体内。

永久船闸为双线五级连续梯级船闸。单级闸室有效尺寸为 280m×34m×5m(长×宽×坎上最小水深),可通过万吨级船队。

升船机为单线一级垂直提升式,承船厢有效尺寸为 120m×18m×3.5m,一次可通过一条 3 000t 的客货轮。承船厢运行时总重量为 11 800t,采用全平衡钢丝绳卷扬方式提升。

在靠左岸岸坡设有一条单线一级临时船闸,满足施工期通航的需要。其闸室有效尺寸为 240m×24m×4m。

3. 输变电工程(图 4-2)

三峡输电系统总规模为:500kV 交流线路为 6 519km,交流变电容量为 2 275 万 kV,直流输电线路为 2 965km(含三广直流线路 975km),直流换流站容量为 1 800 万 kW(含三广直流换流站 600 万 kW)。

4. 工程主要工程量

工程主体建筑物及导流工程的主要工程量为:土石方开挖 10 283 万 m^3,土石方填筑 3 198 万 m^3,混凝土浇筑 2 794 万 m^3,钢筋制安 46.30 万 t,金属结构制安 25.65 万 t,水轮发电机组制安 26 台套。

5. 移民工程

三峡水库将淹没陆地面积 632km^2,涉及重庆市和湖北省的 20 个县(市)(图 4-3)。三峡水库淹没涉及城市 2 座、县城 11 座、集镇 116 个;受淹没或淹没影响的工矿企业 1 599 家,水

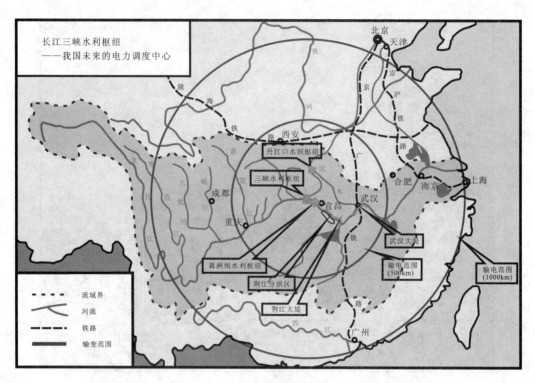

图 4-2 输变电网

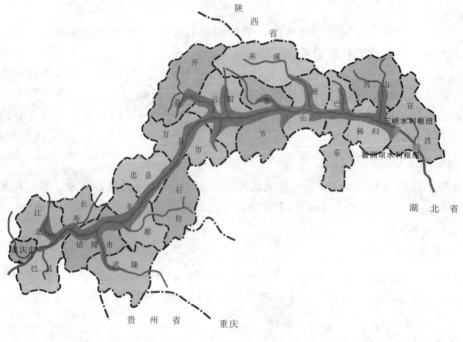

图 4-3 三峡水库淹没范围示意图

库淹没线以下共有耕地(含柑橘地)2.45万 hm²;淹没公路 824.25km,水电站 9.22万 kW;淹没区房屋面积为 3 459.6万 m²,淹没区居住的总人口数为 84.41万(其中农业人口 36.15万)。考虑到建设期间内的人口增长和二次搬迁等其他因素,三峡水库移民安置的动态总人口数将达到 113万。

根据三峡工程库区移民安置规划,全库区规划建房人口数 110.56万,规划基础设施人口数 120.88万;1997年前迁移 11.56万人(建房人口数 10.53万),1998—2003年迁移 53.21万人(建房人口数 45.44万),2004—2006年迁移 34.98万人(建房人口数 33.47万),2007—2009年迁移 21.13万人(建房人口 21.12万);规划复房屋面积 36 878万 m²,1997年迁建 521.13万 m²,1998—2003年迁建 1 554.94万 m²,2004—2006年迁建 1 006.92万 m²,2007—2009年迁建 604.81万 m²。

截至 2002年 7月底,共搬迁安置移民 64.6万人,约占全库区规划动迁移民总数 113万人的 48.4%。其中,14万人外迁(重庆市 7万人由政府组织外迁安置到长江中、下游和沿海经济发达的 10个省市,2万人出县安置到本市非库区的有关县市,另有 2.5万人自主外迁到国内有关省;湖北省 2.5万人安置到本省非库区的有关县市)。累计复建移民住房 3 122万 m²,其中农村移民住房 645万 m²,搬迁、破产、关闭工矿企业 1 011 户,占总数的 63.2%,并完成了大量的公路、码头、输变电、通讯等专项设施的复建工作。淹没涉及的万州、涪陵两座城市的新城区已形成规模并入迁移民,10座县城中的秭归、云阳两座新县城已完成整体搬迁,其他 8座县城正在加紧建设,基础设施已具备规模并入迁移民;114个集镇中,107座在建,大部分具备规模,一部分已完成搬迁。

(三)三峡工程功能

1. 防洪

兴建三峡工程的首要目标是防洪。三峡水库正常蓄水位 175m,有防洪库容 221.5亿 m³。三峡水利枢纽是长江中、下游防洪体系中的关键性骨干工程。其地理位置优越,可有效地控制长江上游洪水。经三峡水库调蓄,可使荆江河段防洪标准由现在的约 10年一遇提高到百年一遇。遇千年一遇或类似于 1870年曾发生过的特大洪水,可配合荆江分洪等分蓄洪工程的运用,防止荆江河段两岸发生干堤溃决的毁灭性灾害,减轻中、下游洪灾损失和对武汉市的洪水威胁,并可为洞庭湖区的治理创造条件。

2. 发电

三峡水电站装机总容量为 1 820万 kW,年均发电量为 847亿 kW·h,将产生巨大的电力效益。三峡水电主要供电地区为华中电网(湖北、河南、湖南)、华东电网(上海、江苏、浙江、安徽)、广东和重庆。三峡水电站将引出 15条 50万 V 超高压线路,分别向北、东、南 3个方向接入华中、华东电网,至广东建直流输电工程。三峡水电站全部投入使用后,可以把华中、华东、西南电网连成跨区域的大型电力系统,可取得地区之间的错峰效益、水电站群的补偿调节效益和水火电厂容量交换效益。仅华中、华东两大电网联网,就可取得 300万~400万 kW 的错峰效益,从而具备了北联华北、西北,南联华南,西电东送,南北互供,组成全国联合电力系统的条件。

三峡水电站若电价暂按 0.18~0.21元/(kW·h)计算,每年售电收入可达 181亿~219

亿元人民币,除可偿还贷款本息外,还可以向国家缴纳大量所得税。

每年可少排放形成全球温室效应的二氧化碳 1.3 亿 t、造成酸雨的二氧化硫约 300 万 t 和一氧化碳 1.5 万 t,以及氮氧化合物等。可见,三峡工程也是一项改善长江生态环境的工程。

3. 航运

三峡水库将显著改善宜昌至重庆 660km 的长江航道,万吨级船队可直达重庆港。航道单向年通过能力可由现在的约 1 000 万 t 提高到 5 000 万 t,运输成本可降低 35%~37%。经水库调节,宜昌下游枯水季最小流量,可从现在的 3 000 m^3/s 提高到 5 000 m^3/s 以上,使长江中、下游枯水季航运条件得到较大的改善。

(四)三峡库区水位变化

长江三峡工程分 3 期建设,随着工程的进展,三峡库区水位的变化可划分为 4 个阶段。

第一阶段:1997 年 11 月,大江首次截流,长江水位提高了 10m,江水沿修建在中堡岛的导流明渠下泄,三峡景观基本不受影响。

第二阶段:2002 年底至 2003 年 6 月,在导流明渠截流后,大坝逐步蓄水,长江三峡水位由 82.28~135m。

第三阶段:2006 年 9 月,大坝再次提高到 156m。

第四阶段:2009 年,工程全面完工,经过 20~30 年的运行,其蓄水水位最终达到 175m,坝前水位提高 110m 左右,每年将有近 30m 的升降变化。

(五)三峡工程投资

三峡工程所需投资,静态(按 1993 年 5 月末不变价)为 900.9 亿元人民币(其中:枢纽工程 500.9 亿元人民币,库区移民工程 400 亿元人民币),动态(预测物价、利息变动等因素)为 2 039 亿元人民币。一期工程约需 195 亿元人民币,二期工程(首批机组开始发电)需 3 470 亿元人民币,三期工程(全部机组投入运行)约需 350 亿元人民币,库区移民的收尾项目约需 69 亿元人民币。考虑物价上涨和贷款利息,工程的最终投资总额预计在 2 000 亿元人民币左右。

二、其他水电工程

泗溪水电梯级水电工程及正在建设中的板桥河梯级水电工程,是秭归县的众多水电工程的具有代表性的电站。泗溪水电梯级水电工程大坝为溢流坝,通过引水管道与各级发电机组相连(图版Ⅷ-2~图版Ⅷ-4)。板桥河为九畹溪上流河流,位于秭归县杨林镇境内,流域面积为 119.8 km^2,具有防洪、发电、供水、灌溉、养殖、服务旅游等功能,设计为一库五站,可调节水头 500m,总装机容量为 17 600kW,年发电量为 7 000 万 kW·h(图版Ⅷ-5、图版Ⅷ-6、图版Ⅸ-1)。

第二节 交通工程

秭归县新县城对外交通有长江水路运输和以风茅公路为主的陆路运输两种形式。秭归拥有长江黄金水道 64km,全县公路通车里程 2 148km,新建桥梁 120 多座,新修隧道 6 464m,形成了以香溪至堡镇、茅坪至巴东等一纵一横的陆路主骨架。有 7 条出境公路通达全国各地,实现了 95% 的村通公路。县城位居三峡工程坝上库首,距汉宜高速公路、三峡国际机场 48km,是沿江大通道的必经之地。茅坪大型港口及泄滩、归州、郭家坝、屈原、沙镇溪 5 个港口全部投入营运。随着三峡工程蓄水发电,秭归独特的区位优势日益凸现,秭归港已成为新三峡的起点和终点港,成为渝东鄂西的交通枢纽。

在长江水路运输方面,三峡船闸设计的年通过能力为单向 5 000 万 t。三峡库区蓄水以后,上游航道得到极大改善,长江航运市场出现结构性变化,航运业发展迅猛。三峡工程全面竣工后,回水到重庆,将在重庆到宜昌之间形成一条 600 多千米的水上高速航道。

陆路方面,进出三峡坝区主要是北岸三峡专用公路和配套的西陵长江大桥。在秭归县境内的交通道路上,桥梁和隧道众多,结构形式较齐全。桥梁包括梁桥、拱桥和索桥。

其中西陵长江大桥为悬索桥。秭归龙潭河大桥,是主跨为 208 m 的中承式钢管混凝土拱桥,也是三峡工程秭归移民区交通复建工程蒲(庄河)文(化)公路上的一座特大桥。全长 280.40 m,孔跨布置为 20m+20m+208m+20m,桥幅布置为净-9m+2×1.0m 的人行道。本桥主跨为 208m 的中承式钢管混凝土拱桥,主拱为双肋桁式无铰拱,矢高 40.530m,矢跨比 1/4.935。拱轴线采用以悬链线为基础的三次样条曲线。变截面主拱肋上、下弦管中心间距拱脚处为 4.439m,拱顶处为 2.2m。两条主拱肋横桥向中心距为 11.60m。全跨共设 11 道横撑和 6 道"X"形撑,且均为空钢管构成的桁式梁。每条钢管拱分 19 节段进行加工制作、预拼和空中焊接。每节段一般长度为 12m(拱脚段 14.4m,合龙段 4.297m),重量为 20~30t。全桥钢管拱总重 928t,其中主拱管重 785t,横撑("X"形撑)重 128t,其余约 15t。主拱架设采用缆索吊装法施工,最大设计吊装重量为 30t。该桥由铁道部专业设计院设计,湖北省公路建设总公司(湖北省路桥公司)施工。还有杉木溪大桥(上承式混凝土梁式拱桥)、九踠溪大桥(上承式混凝土梁钢拱桥)、虹桥(中承式混凝土梁钢拱桥)及各种梁桥、石拱桥。隧道工程繁多,长度形式多样。

第三节　工业与民用建筑工程

一、工业与民用建筑工程分类

(一)按用途分类

(1)民用建筑。指供人们学习、生活、工作、居住的用房,包括居住建筑和公共建筑两大部分。
(2)工业建筑。指的是各类生产和为生产服务的附属用房,单、多层工业厂房,层次混合工业厂房。
(3)农业建筑。指各类供农业生产使用的房屋,如种子库、拖拉机站等

(二)工业建筑的分类

(1)按层数分为单层厂房、多层厂房及层次混合的厂房。

(2)按用途分为生产厂房、辅助生产厂房、动力用厂房、储存用房屋、运输用房屋。

(3)按跨度的数量和方向分为单跨厂房、多跨厂房、纵横相交厂房。

(4)按跨度尺寸分为：①小跨度，指小于或等于12m的单层工业厂房；②大跨度，指15~36m的单层工业厂房。其中15~30m的厂房以钢筋混凝土结构为主，跨度在36m及36m以上时，一般以钢结构为主。

(5)按生产状况分为冷加工车间、热加工车间、恒温恒湿车间、洁净车间及其他特种状况的车间。

单层工业厂房的结构组成一般分为两种类型。①墙体承重结构是外墙采用砖、砖柱的承重结构。②骨架承重结构是由钢筋混凝土构件或钢构件组成骨架的承重结构。厂房的骨架由屋盖结构吊车梁、柱子、基础、外墙围护系统及支撑系统组成，其中墙体仅起围护作用。

(三)民用建筑的分类

(1)按建筑物的规模与数量分为大量性建筑、大型性建筑。

(2)按建筑物的层数和高度分为低层建筑(1~3层)、多层建筑(4~6层)、中高层建筑(7~9层)、高层建筑(10层以上或高度超过24m的建筑物)、超高层建筑(100m以上的建筑物)。

(3)按主要承重结构材料分为木结构、砖木结构、砖混结构、钢筋混凝土结构、钢结构。

(4)按结构的承重方式分为：墙承重结构，用墙体支承楼板及屋顶传来的荷载；骨架承重结构，用柱、梁、板组成的骨架承重，墙体只起围护作用；内骨架承重结构，内部采用柱、梁、板承重，外部采用砖墙承重；空间结构，采用空间网架、悬索及各种类型的壳体承受荷载。

(5)按施工方法分为现浇、现砌式、部分现砌、部分装配式、部分现浇、部分装配式、全装配式。

(四)民用建筑的构造组成

建筑物一般都由基础、墙或柱、楼地面、楼梯、屋顶和门窗六大部分组成。

二、地基分类

地基分为天然地基和人工地基两大类。天然地基如岩土、砂土、黏土等。应尽量采用天然地基。人工地基是指经过人工处理的土层。人工处理地基的方法主要有压实法、换土法、化学处理法、打桩法等。

三、基础的类型

基础按受力特点及材料性能可分为刚性基础和柔性基础。按构造的方式可分为条形基础、独立基础、片筏基础、箱形基础等。

四、墙与框架结构类型

墙在建筑物中主要起承重、围护及分隔作用。根据墙在建筑物中的位置，可分为内墙、外墙、横墙和纵墙；按受力不同，可分为承重墙和非承重墙。直接承受其他构件传来荷载的墙称承重墙；不承受外来荷载，只承受自重的墙称非承重墙。建筑物内部只起分隔作用的非承重墙称隔墙。按构造方式不同,又可分为实体墙、空体墙和组合墙 3 种类型。

在秭归县新县城,工业与民用建筑类型种类齐全,既有凤凰山屈原文化村、新滩古民居、归州街等仿古建筑,又有各种形式的工业厂房和现代化建筑。

目前,城市的建设还在进行,可选择的工程项目很多,但建筑大多采用天然地基,深基坑工程较少,因此,应适当配合武汉市岩土工程实习,使实习更全面。

第四节 港口工程

港口是货物和旅客集散并变换运输方式的场地,有一定面积的水域和陆域供船舶出入和停泊,可以为船舶提供安全停靠、作业的设施以及提供补给、修理等技术服务和生活服务。

港口建设的步骤一般分为规划、设计、施工 3 个阶段。

一、港口水工建筑物等级

港口水工建筑物的等级主要根据港口政治、经济、国防等方面的重要性和建筑物在港口中的作用,划分为 3 级。重要港口的主要建筑物,破坏后会造成重大损失者为Ⅰ级建筑物;Ⅱ级建筑物为重要港口的一般建筑物或一般港口的主要建筑物;Ⅲ级建筑物为小港中的建筑物或其他港口的附属建筑物。

二、港口组成

港口由水域和陆域两大部分组成。水域包括进港航道、港池和锚地。港口水域可分为港外水域和港内水域。港内水域包括港内航道、转头水域、港内锚地和码头前水域或港池。在内河港口,为便于控制,船舶逆流靠、离岸。当船舶从上游驶向顺岸码头时,先调头,再靠岸;当船舶离开码头驶往下游时,要逆流离岸,然后再调头行驶。为此,要求顺岸码头前水域有足够宽度。港口陆域则由码头、港口仓库及货场、铁路及道路、装卸及运输机械、港口辅助生产设备等组成。

三、港址选择方法

港址选择是港口设计工作的先决条件。一个优良港址应满足下列基本要求:
(1)有广阔的经济腹地;
(2)与腹地有方便的交通运输联系;
(3)与城市发展相协调;
(4)有发展余地;
(5)满足船舶航行与停泊要求;
(6)有足够的岸线长度和陆域面积,用以布置前方作业地带、库场、铁路、道路及生产辅助设施;
(7)应注意能满足船舰调动的迅速性、航道进出口与陆上设施的安全隐蔽性以及疏港设施及防波堤的易于修复性等;

(8) 对附近水域生态环境和水、陆域自然景观尽可能不产生不利影响;

(9) 尽量利用荒地、劣地,少占或不占良田,避免大量拆迁。

四、港口布置方案

港口布置方案在规划阶段是最重要的工作之一,不同的布置方案在许多方面会影响到国家或地区发展的整个进程。港口布置方案有以下3种基本类型。

(1) 自然地形的布置。可称为天然港,适用于疏浚费用不太高的情况。

(2) 挖入内陆的布置。为合理利用土地提供了可能性。在泥沙质海岸,当有大片不能耕种的土地时,宜采用这种建港型式。

(3) 填筑式的布置。如果港口岸线已充分利用,泊位长度已无法延伸,但仍未能满足增加泊位数的要求时可采用此种方案。

五、码头布置形式

常规码头的布置形式有以下3种。

(1) 顺岸式。码头的前沿线与自然岸线大体平行,在河港、河口港及部分中、小型海港中较为常用。其优点是陆域宽阔、疏运交通布置方便、工程量较小。

(2) 突堤式。码头的前沿线布置成与自然岸线有较大的角度,如大连、天津、青岛等港口均采用了这种形式。其优点是在一定的水域范围内可以建设较多的泊位;缺点是突堤宽度往往有限,每个泊位的平均库场面积较小,作业不方便。

(3) 挖入式。港池由人工开挖形成,在大型的河港及河口港中较为常见,如德国的汉堡港、荷兰的鹿特丹港等。挖入式港池布置,也适用于排泄湖水及在沿岸低洼地建港。利用挖方填筑陆域,有条件的码头可采用陆上施工。近年来日本建设的鹿岛港、中国的唐山港均属这一类型。

码头按其前沿的横断面外形有直立式、斜坡式、半直立式和半斜坡式。按结构形式可分为重力式、板桩式、高桩式和混合式。

六、秭归茅坪港

茅坪港口工程是三峡库区淹没复建重点工程之一,位于举世瞩目的三峡工程库首南岸的移民大县秭归新县城茅坪镇。该工程是总投资 1.03 亿元人民币,年旅客吞吐量 140 万人次,货物吞吐量 35 万 t 的港口。港口主要包括 3 000t 级客运泊位 1 个,1 000t 级客运泊位 2 个,1 000t 级件杂货运码头 1 个,1 000t 级滚装码头 1 个,2 500m^2 一级水陆联运客运站 1 座,总建设工期为 2 年。茅坪港作为三峡大坝上库首右岸第一港,将具有三峡库区客货运输的始发港和终点港功能,成为三峡库区联结长江中、下游广大地区的客货中转基地。

第五章 实习教学路线

第一部分 地质认识实习

线路一 基地—兰陵溪—九畹溪地层

一、目的与要求

1. 观察黄陵岩体与崆岭群接触界线；
2. 观察南华系、震旦系、寒武系、奥陶系地层及岩性、岩相特征；
3. 观察地层间的接触关系及其特征，练习罗盘的使用以及绘制信手剖面图。

二、教学内容

点号：No.1
点位：中国地质大学（以下简称地大）秭归基地旁边的香山-湖景天成小区后面公路旁
点义：黄陵岩体（岩浆岩）岩性观察点
描述：

露头为黄陵岩体中的太平溪岩体，岩性为英云闪长岩，属中酸性深成岩，深灰色，中—粗粒结构，主要成分为斜长石（含量50%）、石英（含量小于20%）、暗色矿物（含量大于15%）。

露头处有两期清晰可辨的岩脉，见图版Ⅸ-2。根据岩脉的穿插关系可以判断：先期侵入的为石英正长岩脉，肉红色，主要矿物成分为正长石、云母、石英；后期侵入的为辉绿岩脉，黑色，主要矿物成分为辉石和斜长石。辉绿岩脉的形成过程：斜长石先结晶，形成格架结构，辉石后形成，在其中填充。这种结构称为辉绿结构（结晶的形成与熔点的高低有关）。由于岩脉的形成时期先后不一，后期形成的岩脉截断了先期形成的岩脉。

⇨ **背景知识链接**

岩浆岩简介

岩浆岩或称火成岩，是由岩浆凝结形成的岩石，约占地壳总体积的65%。岩浆是在地壳深处或上地幔产生的高温炽热、黏稠、含有挥发分的硅酸盐熔融体，是形成各种岩浆岩和岩浆矿床的母体。岩浆的发生、运移、聚集、变化及冷凝成岩的全部过程，称为岩浆作用。

岩浆岩主要有侵入和喷出两种产出情况。侵入地壳一定深度的岩浆经缓慢冷却而形成的岩石，称为侵入岩。侵入岩固结成岩需要的时间很长。岩浆喷出或者溢流到地表，冷凝形成的岩石称为喷出岩。喷出岩由于岩浆温度急剧降低，固结成岩时间相对较短。

在划分岩浆岩类型时，岩石化学成分中的酸度和碱度是主要考虑因素之一。岩石的酸度是指岩石中含有 SiO_2 的重量百分数。通常，SiO_2 含量高时，酸度也高；SiO_2 含量低时，酸度也低。而岩石酸度低时，说明它的基性程度比较高。根据酸度，也就是 SiO_2 含量，可以把岩浆岩分成 4 个大类：超基性岩（SiO_2 含量小于 45%）、基性岩（SiO_2 含量 45%～52%）、中性岩（SiO_2 含量 52%～66%）和酸性岩（SiO_2 含量大于 66%）。

岩石的碱度指岩石中碱的饱和程度。岩石的碱度与碱含量多少有一定关系。通常把 Na_2O+K_2O 的重量百分比之和，称为全碱含量。Na_2O+K_2O 含量越高，岩石的碱度越大。

除了岩石化学成分之外，矿物成分也是岩浆岩分类的依据之一。在岩浆岩中常见的一些矿物，它们的成分和含量由于岩石类型不同而随之发生有规律的变化。如石英、长石呈白色或肉色，被称为浅色矿物；橄榄石、辉石、角闪石和云母呈暗绿色、暗褐色，被称为暗色矿物。通常，超基性岩中没有石英，长石也很少，主要由暗色矿物组成；酸性岩中暗色矿物很少，主要由浅色矿物组成；基性岩和中性岩的矿物组成位于两者之间，浅色矿物和暗色矿物各占有一定的比例。

岩石结构指岩石的组成部分的结晶程度、颗粒大小、自形程度及其相互间的关系。

结晶程度指岩石中结晶物质和非结晶玻璃质的含量比例。岩浆岩的结构分为 3 个大类：全晶质结构，岩石全部由结晶矿物组成；半晶质结构，岩石由结晶物质和玻璃质两部分组成；玻璃质结构，岩石全部由玻璃质组成。

矿物颗粒的大小指岩石中矿物颗粒的绝对大小和相对大小。

显晶质结构按颗粒的绝对大小分为：伟晶结构（颗粒直径大于 1cm）、粗晶结构（颗粒直径 5mm～1cm）、中晶结构（颗粒直径 2～5mm）、细晶结构（颗粒直径 0.2～2mm）、微粒结构（颗粒直径小于 0.2mm）。

显晶质结构按颗粒的相对大小分为：等粒结构，指岩石中同种主要矿物颗粒大小大致相等；不等粒结构，指岩石中同种主要矿物颗粒大小不等；斑状结构，指岩石中矿物颗粒分为大小截然不同的两群，大的为斑晶，小的及未结晶的玻璃质为基质；似斑状结构，指外貌类似于斑状结构，只是基质为显晶质。

矿物的自形程度指矿物晶体发育的完整程度。根据全晶质岩石中的矿物的自形程度可以分为 3 种结构：自形结构、他形结构、半自形结构。

岩浆岩常见的构造有以下几种。

(1) 块状构造。组成岩石的矿物在整个岩石中分布是均匀的，其排列无一定次序，无一定方向。

(2) 斑杂构造。岩石的不同部位在结构上或矿物成分上有较大的差异，如一些地方暗色矿物多，一些地方又很少，结果使岩石呈现出斑斑驳驳的外貌。

(3) 带状构造。表现为岩石中具有不同结构或不同成分的条带相互交替，彼此平行排列的一种构造。

(4) 气孔和杏仁构造。是喷出岩中常见的构造。当岩浆喷溢到地面时，围压降低，其中所含挥发分达到饱和，它们从岩浆中分离出来时，形成大量气泡。由于岩浆迅速冷却凝固而保留在岩石中形成空洞，故形成为气孔构造。当气孔被岩浆期后矿物所充填时，其充填物宛如杏仁,故称为杏仁构造。

（5）流纹构造。是由不同颜色、不同成分的条纹、条带粒、雏晶定向排列,以及拉长的气孔等表现出来的一种流动构造。

（6）珍珠构造。主要见于酸性火山玻璃中,由玻璃质冷却收缩所形成。特征是形成一系列圆弧形裂开。

（7）枕状构造。当熔浆自海底溢出或从陆地流入海中时,就变成椭球状、袋状、面包状等枕状特征,后被沉积物、火山物质及玻璃质碎屑胶结起来就形成了枕状构造。

（8）命名原则。颜色＋结构构造＋暗色矿物＋名称。

岩脉的穿插关系

为岩脉充填在岩石裂隙中的板状岩体,横切岩层,与层理斜交,属于不整合侵入体的一种。岩脉的宽度一般为几十厘米至数十米,长度可由数十米至数千米,个别大的可达几十千米以上。依据成分、形态、产状及与地质构造的关系,可分为简单岩脉、复杂岩脉、岩脉群及环状岩脉等。将直立或近直立的板状岩体称为岩墙,而将与层理斜交,形状较不规则的板状岩体称为岩脉。

点号:No.2
点位:茅坪木材检查站(兰陵溪村3组37号)
点义:岩浆岩与变质岩接触关系及变质岩岩性观察点
描述:

（1）观察岩浆岩与变质岩的侵入接触关系。变质岩为斜长角闪片岩,黄陵花岗岩侵入变质岩中。

在侵入接触带中,岩体边部有边缘带和冷凝边,岩体内有围岩的捕虏体。围岩中可见烘烤边。见图版Ⅸ-3。

（2）观察片岩。片岩中浅色矿物主要为斜长石,暗色矿物主要为角闪石,暗色矿物呈定向连续排列。

（3）观察揉皱。揉皱,又称无根褶皱,是变质过程中,石英、长石向力小的地方移动造成的。

⇨**背景知识链接**

变质岩

变质岩指已经形成的岩石(岩浆岩、沉积岩、变质岩)因物理化学条件的改变,使原岩的矿物成分、结构、构造发生变化而形成的岩石。

一般变质岩分为两大类:一类是变质作用作用于岩浆岩,形成的变质岩称为正变质岩;另一类是作用于沉积岩,生成的变质岩称为副变质岩。

大面积变质的岩石为区域性的,也有局部性的。局部性的如果是因为岩浆涌出造成周围岩石的变质称为接触变质岩,如果是因为地壳构造错动造成的岩石变质称为动力变质岩。

原岩受变质作用的程度不同,变质情况也不同,一般分为低级变质、中级变质和高级变质。变质级别越高,变质程度越深。如沉积岩黏土质岩石在低级变质作用下,形成板岩;在中级变质作用下,形成云母片岩;在高级变质作用下,形成片麻岩。

变质岩的命名目前不是非常统一，主要从以下几方面考虑。

(1) 以构造划分。如具板块构造的岩石叫板岩，具千枚状构造的岩石叫千枚岩，具片状构造的岩石叫片岩，具片麻状构造的岩石叫片麻岩等。

(2) 以岩石中矿物组合及含量划分。如含量以角闪石为主，含少量斜长石的变质岩叫作斜长角闪岩，以结晶方解石组成的变质岩叫作大理岩等。

(3) 以结构划分。如角岩结构的岩石叫角岩。

(4) 以产地命名。如麻粒岩最初是指产于德国萨克逊(Saxony)麻粒山的一套淡色至粉色由无水矿物(石榴子石、蓝晶石，或矽线石、金红石等)所组成的长英质片麻岩。

(5) 特殊成因命名。如云英岩、蛇纹岩、次生石英岩、碎裂岩、糜棱岩及各种混合岩等。

揉皱结构简介

揉皱结构指矿石中的矿物，受力后发生塑性变形，形成弯曲皱纹的一种结构。

点号：No.3
点位：九曲垴中桥向东100m
点义：片麻岩中阳起石观察点
描述：
阳起石，片麻岩中的矿物成分，晶体呈针状，受到强烈定向压力后聚集排列呈放射状。见图版Ⅸ-4。

⇨**背景知识链接**

阳起石

阳起石属硅酸盐类矿物，是闪石系列中的一员，这类矿物常被称为闪石石棉。阳起石的晶体为长柱状、针状或毛发样。颜色由带浅绿色的灰色至暗绿色。具玻璃光泽。透明至不透明。晶体的集合体为不规则块状、扁长条状或短柱状。大小不一。呈白色、浅灰白色或淡绿白色，具有丝一样的光泽。比较硬脆，也有的略疏松。折断后的断面不平整，可见纤维状或细柱状。块状、致密的阳起石被中医认为性温咸，有药用功效。

点号：No.4
点位：小加水站(兰陵溪村1组27号)
点义：Z_1ds/Nh_2n 观察点
描述：
露头为南沱组(Nh_2n)与陡山沱组(Z_1ds)的界线。南沱组和陡山沱组为断层接触关系，有陡山沱组岩石掉入断层带中(图版Ⅸ-5)。

点 E：南沱组(Nh_2n)第二段灰绿色冰碛砾岩，砾石有大有小，无分选，无磨圆，排列杂乱无章，为冰水成因。

点 W：陡山沱组(Z_1ds)第一段灰白色厚层状白云岩，产状250°∠56°。

陡山沱组(Z_1ds)岩性自下而上分为4段。

第四段：黑色薄层硅质岩(此处为硅质岩，在高家溪发生了沉积相变，高家溪处出露炭质页岩),参见 No.5 描述。

第三段:灰白色中厚层白云岩,含燧石结核。
第二段:黑色薄层状炭质页岩,见围棋子状结核。
第一段:灰白色中厚层状白云岩,白云质灰岩。
总体特征:两白夹两黑,两厚夹两薄。

▷ **背景知识链接**

冰碛物简介

在冰川作用过程中,所挟带和搬运的碎屑构成的堆积物,称为冰碛物,又称冰川沉积物。

冰川的沉积方式有 3 类:冰川冰沉积,冰川冰与冰水共同作用形成的冰川接触沉积,冰河、冰湖或冰海形成的冰水沉积。

冰碛物分为:含于冰川底部的底碛;含于冰川内部的内碛;含于冰川表层的表碛;含于冰川体两侧的侧碛;两条冰川汇合后,介于两冰川间的中碛;冰川冰与水接触部分的融出碛。

冰川冰外围,河、海水搬运的冰碛物,称冰水沉积物。冰碛物以冰川融水为主要营力,由砾石和砂粒组成。

点号:No.5
点位:大加水站
点义:Z_2dy/Z_1ds 观察点
描述:
露头为陡山沱组(Z_1ds)和灯影组(Z_2dy)界线(图版Ⅸ-6)。
点 E:陡山沱组(Z_1ds)第三段灰白色厚层状白云岩(图版Ⅸ-7),表面风化后呈黄褐色,陡山沱组(Z_1ds)第四段黑色薄层状硅质岩,产状 270°∠18°。
点 W:灯影组(Z_2dy)第一段灰白色厚层状白云岩。
灯影组(Z_2dy)岩性自下而上分为 3 段。
第三段:中厚层灰白色白云岩。
第二段:灰黑色薄层泥质灰岩、竹叶状灰岩。
第一段:灰白色厚层白云岩。
总体特征:两白夹一黑,两厚夹一薄。

点号:No.6
点位:横墩岩隧道往西出口第一条沟处(兰陵溪村 1 组 002 号)
点义:$\epsilon_1s/(Z_2-\epsilon_1)y$ 观察点,地堑,飞碟石
描述:
(1)岩家河组($Z_2-\epsilon_1)y$ 与水井沱组(ϵ_1s)的分界。
岩家河组($Z_2-\epsilon_1)y$:灰黑色中厚层状炭质灰岩夹薄层炭质页岩,产状 210°∠15°。
水井沱组(ϵ_1s):黑色薄层炭质细晶灰岩与薄层炭质页岩互层,岩石中含巨大结核,具眼球状构造、豆荚构造(图版Ⅹ-1)。水井沱组(ϵ_1s)下部的锅底灰岩,俗称"飞碟石"(图版Ⅹ-2),产状 240°∠20°。

(2)地堑构造。岩家河组(Z_2—ϵ_1)y 和水井沱组($\epsilon_1 s$)分界处的两处正断层形成地堑构造(图版 X-3)。

⇨ **背景知识链接**

地堑是两侧被高角度断层围限、中间下降的槽形断块构造,多指大、中型的构造,大者延长可达数百千米。地堑常成长条形的断陷盆地,其边界可以是平直的,但更常见的是折线状边界,一般由多条高角度正断层联合而成。仅在一侧为断层所限的断陷,称为半地堑或箕状构造。

与地堑相对应的另一种构造是地垒。地垒是两侧被断层围限、中间上升的断块构造。其边界断层一般也是高角度正断层。

点号:No.7
点位:中石油加油站前行100m
点义:$\epsilon_1 t$/$\epsilon_1 sp$ 观察点
描述:
露头为石牌组($\epsilon_1 sp$)与天河板组($\epsilon_1 t$)界线(图版 X-4)。
点 E:石牌组($\epsilon_1 sp$)黄绿色薄层及极薄层粉砂质泥岩和泥质粉砂岩互层;石牌组($\epsilon_1 sp$)上部为泥岩夹页岩,中部为中层泥晶灰岩,下部为砂岩夹页岩,底部为炭质页岩。
点 W:天河板组($\epsilon_1 t$)灰色薄层泥质条带灰岩,白云质灰岩,夹豆状灰岩及粉砂质灰岩,见风暴角砾岩、核形石(2cm)、生物礁灰岩(图版 X-5),产状 260°∠20°。

⇨ **背景知识链接**

核 形 石

核形石也是一种藻包粒,亦由核心和包壳两部分组成,因其状如果核,故称为核形石,也有人称其为"藻灰结核"。

礁 灰 岩

礁灰岩又称生物骨架灰岩,是一种具有原地固着生长状态的生物骨架构成的石灰岩。这些生物具有抗浪本能,因而能造成坚固的抗浪构造,如岗陵状、脊状、不规则状的骨架灰岩体,特称为"礁"。礁灰岩具有较高的孔隙率,远远大于其他岩石。它比周围同时期沉积物要高得多。

主要造礁生物有群体珊瑚、钙藻类、苔藓虫、层孔虫、海绵、牡蛎蛤等。共栖生物有腕足类、棘皮动物、软体动物等。由于生物礁灰岩多孔,渗透性良好,因此常是石油、天然气储集的有利岩石。此种灰岩在中国西南泥盆纪和二叠纪地层中颇为发育。

点号:No.8
点位:棕岩头隧道东向入口处桥边
点义:$\epsilon_1 sl$/$\epsilon_1 t$ 观察点
描述:
点 E:天河板组($\epsilon_1 t$)灰色薄层泥质条带灰岩,白云质灰岩,夹豆状灰岩及粉砂质灰岩。
点 W:石龙洞组($\epsilon_1 sl$)深灰色至褐灰色厚层状白云岩。

在棕岩头隧道东向入口处桥边有一溶洞,位于天河板组($\epsilon_1 t$)中。

点号:No.9
点位:棕岩头隧道向西出口处,九畹溪桥头
点义:$\epsilon_2 q / \epsilon_1 sl$ 观察点
描述:
棕岩头隧道位于石龙洞组($\epsilon_1 sl$)灰岩中。
露头为石龙洞组($\epsilon_1 sl$)与覃家庙组($\epsilon_2 q$)界线(图版Ⅹ-6)。
点 E:石龙洞组($\epsilon_1 sl$)灰色、深色至褐灰色厚层白云岩,产状248°∠20°
点 W:覃家庙组($\epsilon_2 q$)泥灰岩、泥质条带灰岩,较破碎,薄层状灰岩与泥岩互层。

点号:No.10
点位:抬上坪隧道出口,煤码头,集聚坊码头
点义:三游洞组($\epsilon_3 sy$)/覃家庙组($\epsilon_2 q$)观察点
描述:
露头为覃家庙组($\epsilon_2 q$)与三游洞组($\epsilon_3 sy$)界线(图版Ⅺ-1)。
点 E:覃家庙组($\epsilon_2 q$)泥灰岩、泥质条带灰岩,薄层状灰岩与泥岩互层,薄层泥页岩,较破碎,产状246°∠20°。
点 W:三游洞组($\epsilon_3 sy$)灰色厚层白云质灰岩,见叠层石构造(图版Ⅺ-2)。

▷**背景知识链接**

叠 层 石

叠层石是前寒武纪未变质的碳酸盐岩沉积中最常见的一种"准化石",是原核生物所建造的有机沉积结构。由于蓝藻等低等微生物的生命活动所引起的周期性矿物沉淀、沉积物的捕获和胶结作用,从而形成了叠层状的生物沉积构造。名称由来:纵剖面呈向上凸起的弧形或锥形叠层状,如扣放的一叠碗。

点号:No.11
点位:屈原镇西陵峡村村委会背后半山腰
点义:ϵ/O/S(寒武系/奥陶系/志留系)界线点
描述:
点上:奥陶系生物碎屑灰岩,含角石化石。
寒武纪以前以软体生物为主,奥陶纪化石有三叶虫、角石、鲢类化石、菊石。
沟 E:寒武系厚层白云岩。
沟 W:志留系砂岩,分布在山梁上。
奥陶系地层特征:总体为灰岩,灰岩夹生物碎屑岩、深灰色块状白云质灰岩、龟裂灰岩(图版Ⅺ-3)、瘤状灰岩,产角石,泥岩中夹灰质团块,灰岩中夹泥质团块。

⇨ **背景知识链接**

角 石

角石是古无脊椎动物、具有坚硬外壳的头足纲动物的总称。角石具有坚硬的外壳,顾名思义,角石外壳的形状像牛或羊的角,一般是直的,也可以是弯的或盘卷的。角石从开始发育到最终长成,壳的直径逐渐变大,肉体生长时不断前移并分泌钙质的壳,最后着生在壳体最前部,形成住室。住室后面向壳的尖端一方则形成一系列的气室,气室对角石的升降和平衡具有重要的作用。角石死亡以后,肉体通常很难保存,只有硬壳才能够保存成为化石。

线路二 高家溪地层及溶洞

一、目的与要求

1. 沿途观察莲沱组(Nh_1l)、南沱组(Nh_2n)、陡山沱组(Z_1ds)、灯影组(Z_2dy)的岩性特征;
2. 观察描述棺材岩危岩体的形成条件、特征、防治措施;
3. 观察岩溶发育基本特征及和尚洞成因,绘制素描图。

二、教学内容

点号:No.1
点位:过高家溪石板桥,右边民房(秋千坪村6组67号)后的山坡上
点义:莲沱组(Nh_1l)与岩浆岩的接触关系观察点
描述:

莲沱组(Nh_1l)与岩体为沉积接触关系。下部为黄陵岩体,岩性为花岗岩。可见古风化壳,露头花岗岩为强—中风化。风化壳上部为莲沱组(Nh_1l)底砾岩(图版 Ⅺ-4),呈紫红色。莲沱组(Nh_1l)具两次沉积旋回。每次沉积旋回从下往上砾石粒径由大到小,含量由多到少;泥、砂含量增加,由砾岩→砂岩→泥岩。

还原沉积顺序:变质岩→侵入花岗岩→风化剥蚀,岩体露出地面→沉积莲沱组(Nh_1l)(图 5-1)。

沉积旋回环境分析如下。湖相、滨河相、陆相→浅海相;代表:水浅→水深;沉积物:粗→细,砾岩、砂岩→泥岩→灰岩。

莲沱组(Nh_1l)两次沉积旋回分析:砾岩→砂岩→泥岩/页岩→砾岩→砂岩→泥岩/页岩。

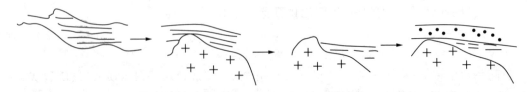

图 5-1 沉积顺序演化示意图

点号:No.2
点位:土三路 40km 处
点义:陡山沱组(Z_1ds)/南沱组(Nh_2n)界线点
描述:
陡山沱组(Z_1ds)与南沱组(Nh_2n)为平行不整合接触,接触界线有风化壳存在(图版Ⅺ-5)。
点 N:南沱组(Nh_2n)第二段灰绿色冰碛砾岩,砾石有大有小,排列杂乱无章,无分选,无磨圆。
点 S:陡山沱组(Z_1ds)第一段盖帽白云岩,呈灰白色厚层状。

点号:No.3
点位:棺材岩危岩体
点义:Z_2dy/Z_1ds 分界线观察点,危岩体治理工程
描述:
(1)地层分界。
点 N:陡山沱组(Z_1ds)第四段炭质灰岩、炭质页岩,产状 152°∠8°。
点 S:灯影组(Z_2dy)第一段厚层白云岩。
灯影组(Z_2dy)与陡山沱组(Z_1ds)界线及治理工程见图版Ⅻ-1。
陡山沱组(Z_1ds)第四段发生了沉积相变,在兰陵溪—九畹溪为硅质岩,此处为炭质灰岩、炭质页岩。
(2)棺材岩危岩体。
变形原因:将陡山沱组第四段(Z_1ds^4)黑色炭质灰岩和炭质页岩当作煤层开挖,掏空形成。
变形过程:采煤→掏空→灯影组(Z_2dy)白云岩应力重新分布→变形→裂隙、降雨→裂隙扩张。
棺材岩危岩体示意图如图 5-2 所示。治理工程详细情况如图 5-3 所示。

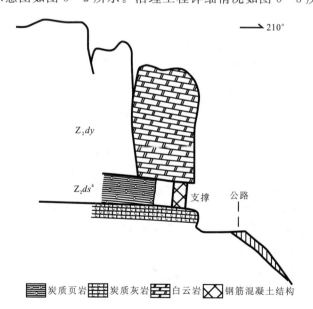

图 5-2 棺材岩危岩体示意图

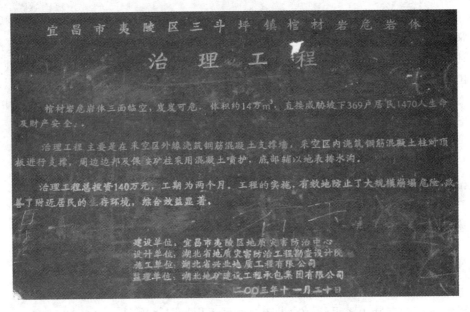

图 5-3 棺材岩危岩体治理工程

高家溪棺材岩危岩体防治工程：①支撑，即用钢筋混凝土墙、暗柱；②喷浆；③排水，即用排水管、排水沟和截水沟。

点号：No.4
点位：和尚洞对面的小山坡上
点义：Z_2dy/Z_1ds 分界线观察点、飞碟石、地下暗河
描述：
陡山沱组（Z_1ds）第四段和灯影组（Z_2dy）的分界线。和尚洞顶板以上为灯影组（Z_2dy）厚层状白云岩。陡山沱组（Z_1ds）第四段见"飞碟石"。此处发育地下暗河，现已干涸。

点号：No.5
点位：和尚洞
点义：和尚洞岩溶观察点
描述：
溶洞高约 50m，底部宽约 25 m，长约 40 m，内壁呈锥状。发育在灯影组（Z_2dy）第二段薄层状黑色藻纹层灰岩层中。内壁有钟乳石，局部有滴水。溶洞整体呈南北走向，西部低洼处有暗河，北边为开口。西壁岩石产状 155°∠17°，东壁岩石产状 148°∠19°。断层走向 130°。和尚洞剖面图如图 5-4 所示，和尚洞入口见图版 XII-2。

(1)和尚洞形成原因分析。①岩性条件。灯影组白云岩，白云质灰岩，灰岩，岩石具可溶性。②水文地质条件。陡山沱组炭质岩充当了隔水层，地下水集中在灯影组底部。③构造条件。有平缓背斜和断裂的存在。

(2)形成过程分析。①溶蚀作用。地下水沿灰岩的断裂、裂隙流动，溶蚀形成溶洞。②塌

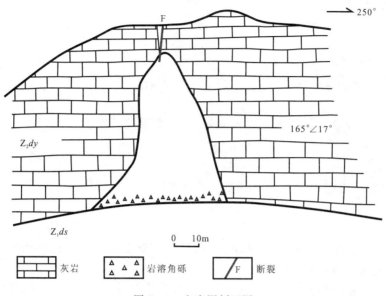

图 5-4 和尚洞剖面图

落作用。溶洞顶部由于溶蚀裂隙的不断发展而掉落,溶洞越来越大。

⇨ **背景知识链接**

岩溶

地下水和地表水对可溶性岩石的破坏和改造作用都叫岩溶作用。这种作用及其所产生的地貌现象和水文地质现象的总称叫作岩溶,国际上通称喀斯特(Karst)。

岩溶发育的基本条件

(1)具有可溶性的岩石。
(2)具有侵蚀性的水。
(3)具有良好的水循环条件。

线路三 泗溪地层及岩溶

一、目的与要求

1. 观察围棋子状结核;
2. 观察火炬状节理、雁列节理;
3. 观察叠层石;
4. 观察鱼泉洞和迷宫泉。

二、教学内容

点号：No.1
点位：泗溪公园外门口小溪里
点义：围棋子状结核观察点
描述：
陡山沱组（Z_1ds）第二段，炭质页岩与灰岩互层，有围棋子状燧石结核。

点号：No.2
点位：泗溪公园进门左拐，采石场下面的小溪里
点义：雁列节理、火炬状节理观察点
描述：
灯影组（Z_2dy）灰岩受到挤压作用，形成张裂隙，方解石沿着裂隙充填、结晶形成白色的方解石脉。点上见雁列节理和火炬节理（图版Ⅻ-3）。

雁列节理为呈雁行斜列的一组节理，常被岩脉充填而成雁列脉。雁列节理带实际是一条剪切带。

火炬节理为共轭的"X"形剪节理。两组共轭剪节理面的交线代表 σ_2 方向，夹角平分线代表 σ_1 和 σ_3 方向，两组主节理面由于拉张作用形成了一系列拉张裂缝，方解石充填其中，形成了火炬状节理。

⇨背景知识链接

节 理

岩石受力作用形成的破裂面或裂纹，称为节理。它是破裂面两侧的岩石没有发生明显位移的一种构造。按成因节理可分为以下几种。

（1）原生节理。成岩过程中形成，如沉积岩中因缩水而造成的泥裂或火成岩冷却收缩而成的柱状节理。

（2）构造节理。由构造变形而成。这类节理具有明显的方向性和规律性，发育深度较大，对地下水的活动和工程建设的影响也较大。构造节理与褶皱、断层及区域性地质构造有着非常密切的联系，常常相互伴生，是工程地质调查工作中的重点对象。

（3）非构造节理。由外动力作用形成的，如风化作用、山崩或地滑等引起的节理，常局限于地表浅处。

根据形成节理的力学性质不同，可分为张节理、剪节理。张节理由拉张力作用形成。节理面参差不齐，粗糙；节理面常绕过砾石、延伸短；裂口呈楔形，深度不大。剪节理由剪切力作用形成。剪节理常成对出现，形成两组交叉的节理；节理面平直而光滑，能把砾石切断、错开；延伸较长，有时可见擦痕。

点号：No.3
点位：餐馆"旅舍农家乐"对面的小溪里
点义：叠层石观察点

描述：

三游洞组（$\epsilon_3 sy$）中可见叠层石，为生物沉积构造，蓝藻生物席状生长，上表面吸附泥质或过饱和化学成分，一层层生长，形似倒扣的一叠碗（图版Ⅻ-4）。

点号：No.4
点位：鱼泉洞
点义：溶洞观察点
描述：

溶洞发育于三游洞组（$\epsilon_3 sy$）灰色厚层状灰岩中。底部覃家庙组（$\epsilon_2 q$）薄层白云岩为相对隔水层，顺层发育两个溶洞。其中南洞洞底宽约 8m，高约 6m。

鱼泉洞横剖面如图 5-5 所示。洞口处见图版Ⅻ-5。

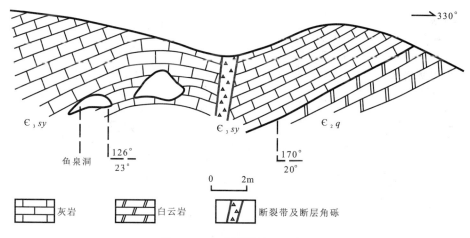

图 5-5 鱼泉洞横剖面示意图

点号：No.5
点位：迷宫泉
点义：溶洞、岩溶泉观察点
描述：

同点 No.4，溶洞发育在三游洞组（$\epsilon_3 sy$）灰岩内。迷宫泉为岩溶侵蚀下降泉。

⇨ 背景知识链接

水 文 地 质 条 件

水文地质条件指地下水埋藏、分布、补给、径流和排泄条件，水质和水量及其形成地质条件等的总称。

地下水的补给指含水层自外界获得水量的作用过程。地下水的排泄指含水层失去水量的作用过程。地下水的径流指地下水由补给区流向排泄区的作用过程。

泉的分类

泉是地下水的天然露头,在地面与含水层或含水通道相交点地下水出露成泉。根据补给泉的含水层性质分为上升泉和下降泉两大类。上升泉由承压含水层补给,下降泉由潜水或上层滞水补给。

根据出露原因下降泉可分为侵蚀泉、接触泉与溢流泉。沟谷切割潜水含水层时,形成侵蚀(下降)泉。地形切割达到含水层隔水底板时,地下水被迫从两层接触处出露成泉,形成接触泉。在地下水流前方透水性突变,或隔水底板隆起,水流受阻涌溢于地表形成的泉为溢流泉。

线路四 兰陵溪－九畹溪－郭家坝地质构造行迹观察

一、目的与要求

1. 学会观察断层及相应构造形迹；
2. 观察褶皱要素；
3. 观察牵引现象。

二、教学内容

点号:No.1
点位:九曲垴中桥东端处
点义:小断层观察点
描述:
(1)岩性。片麻岩。
(2)断层面产状。$298°\angle 76°$,表面见擦痕。
(3)断层角砾岩。断层破碎带中发育有构造角砾岩和断层泥,角砾大小不一,最大可达20mm。
(4)地貌上表现为沟。
断裂全貌见图版Ⅻ-6(a),剖面图见图版Ⅻ-6(b)。

点号:No.2
点位:小加水站(兰陵溪村一组027号房屋)对面山坡
点义:层间倒转褶皱观察
描述:
(1)点 NE 发育有层间褶皱,位于陡山陀组第二段(Z_1ds^2)泥灰岩、泥岩、灰质泥岩中。可观察到褶皱分为好几层。褶皱枢纽走向$150°$,东北翼产状$65°\angle 72°$,西南翼产状$67°\angle 326°$,为一倒转向斜。
(2)点 SW 发育有一小型断裂,位于陡山陀组第二段(Z_1ds^2)炭质页岩、灰质泥岩中。有明显擦痕,表面可见清晰的方解石重结晶现象,形成纤维状晶体,可推测为正阶步。

褶皱核剖见图版 XIII-1(a),剖面图见图版 XIII-1(b)。

点号:No.3
点位:九畹溪大桥桥头
点义:平卧褶皱观察
描述:

(1)岩性。该点处发育寒武系覃家庙组(ϵ_2q)地层。岩性为浅灰色薄层白云岩、白云质灰岩、泥质白云岩,夹泥质条带,较软弱,泥质含量高。

(2)褶皱几何形态。轴面近水平、枢纽近 EW 走向的平卧褶皱,两翼长短不一。

(3)动力学条件。上部为三游洞组(ϵ_3sy)中厚白云岩,坚硬;下部为石龙洞组(ϵ_1sl)灰色薄层泥质条带灰岩,较坚硬;上下硬、中间软的结构,在构造运动作用下产生多层次滑动。

(4)工程意义。形成一定的软弱面,易出现滑坡;在水利水电工程中,岩体破碎,渗透性和稳定性均较差。

平卧褶皱及剖面图分别见图版 XIII-2(a)、(b)。

路线五 基地—界垭—周坪断裂地质构造行迹观察

一、目的与要求

1. 学会观察断层及相应构造形迹;
2. 活动断裂的水文工程意义;
3. 活动断裂监测方法。

二、教学内容

点号:No.1
点位:界垭九畹溪断裂
观察含义:九畹溪断裂行迹宏观观察;断层性质的分析与推断认识
描述:

(1)岩性。断裂东侧发育有奥陶系红花园组(O_1h)灰色白云质灰岩,西侧为志留系龙马溪组(S_1l)红色粉砂岩,东侧顶部还发育有奥陶系古龙潭组(O_2g)瘤状灰岩。

(2)几何形态。地貌上形成一 NW 向沟谷垭口,拉张顺扭断层,中间地层不连续,产状也发生变化,破碎带宽达百余米。

(3)断层擦痕及阶步。路边典型石英砂岩岩石露头有明显擦痕,擦痕走向 195°;表面可见清晰的方解石重结晶现象,形成纤维状晶体,可推测为正阶步。

(4)动力学条件。断层倾向与地层倾向相同且断层倾角大于地层倾角时,灰岩层出露盘为上升盘,由此可以推测该断层为正断层。

断裂形成的冲沟见图版 XIV-1(a),擦痕和重结晶现象见图版 XIV-1(b),剖面图见图版 XIV-1(c)。

点号：No. 2
点位：周坪仙女山中部小路旁
观察含义：了解仙女山断裂的特征；初步掌握断裂带的野外鉴别标志
描述：

(1) 断裂特征。仙女山断裂在黄陵背斜西翼，为一深大断裂，切割到震旦系地层；断层性质：先压扭，后拉，为一活动断裂，距离三峡工程库区最近；全长93km，走向335°～350°，倾向NW，倾角70°左右。

(2) 地形地貌特征。形成负地形（沟、洼地），反差较大；W侧地形平缓，为志留系罗惹坪组（$S_2 lr$）泥岩、页岩，岩性较软；E侧地形较高，为白垩系石门组（$K_1 s$）含砾粗砂岩；冲沟呈NS向。

(3) 断层角砾岩。角砾为灰岩碎块，胶结物质泥质、硅质、灰质；有擦痕；断裂带中灰岩经强烈挤压，形成破碎化灰岩。

(4) 构造行迹。沿途奥陶系灰岩露头，碎裂化，存在典型的透镜化现象，往W透镜规模越来越小，越来越薄。

(5) 活动断裂的观测。有地表位移监测点和GPS观测点，现今位移特征为水平 0.056mm/a、垂直 −0.62mm/a。

(6) 断裂活动性监测。地震、位移。

(7) 工程地质意义。活断层诱发地震，坝区安全评估。

图版 XV-1(a)为断带通过处形成的地形差异现象；图版 XV-1(b)、(c)、(d)分别为断裂带中形成的构造透镜体、断层角砾岩、断层带擦痕。图版 XV-1(e)和(f)为断层活动性观测点，图版 XV-1(g)为断层的剖面示意图。

▷ 背景知识链接

构 造 透 镜 体

构造透镜体是断层作用引起构造强化的一种现象。断层带内或断层面两侧岩石碎裂成大小不一的透镜状角砾块体，长径一般为十数厘米至一二米。构造透镜体常成组、成带或叠置产出。构造透镜体一般是挤压作用产出的两组剪节理把岩石切割成菱形块体且菱块棱角又被磨去而形成的。包含透镜长轴和中轴的平面，或与断层面平行，或与断层面成小角度相交。

点号：No. 3
点位：仙女山断裂涌泉处
点义：分析泉水的形成条件
描述：

在仙女山断层崖山有大股泉水涌出。该处上部为石炭系灰岩，推测内部发育有溶洞；现场观察到溶洞口，高约3m。溶洞口即为泉眼（图版 XVI-1）。图5-6为仙女山断裂平面示意图，从图中可以判断泉的成因。

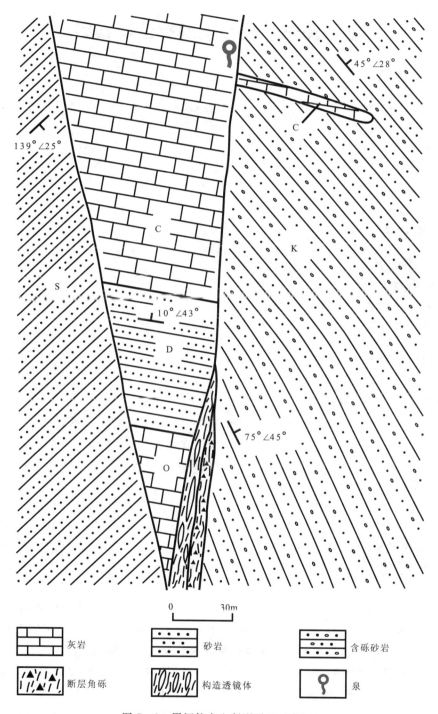

图 5-6 周坪仙女山断裂平面示意图

第二部分 道桥与隧道认识实习

第一节 桥梁工程

线路六 基地—松树坳大桥—九畹溪大桥

一、目的与要求

1. 了解桥梁的构造；
2. 区分基本桥梁类型；
3. 了解主要桥梁类型的施工方法；
4. 徒手绘制桥型立面图。

二、教学内容

教学点1：松树坳大桥

松树坳大桥坐落于湖北宜昌市秭归县松树坳，该桥沟通宜巴公路，距离秭归县城茅坪12km，在茅坪与巴东之间。桥梁全长114.04 m（不含搭板），5跨预应力混凝土简支梁桥，每跨跨度20 m，采用预应力空心板构造，每孔由6片中板和2片边板组成。桥面设2.2%的单向纵坡，1.5%的双向横坡，桥面宽11.5 m。

该桥梁在建设中，首次运用了具有国内领先水平的FRP非金属材料技术。该技术由宜昌市和秭归县的交通局、公路局与华中科技大学联合开发，是一座试验性桥梁。该科研项目用于桥梁建设，取代了钢筋的作用，其重量、强度、耐久性能都远远优于钢筋，成批生产的成本价格也低于钢筋，且在空对地的检测中具有隐蔽作用。该技术用于松树坳大桥多跨中的一跨，共8片空心桥梁。

松树坳大桥空心板采用完全非金属筋材混凝土结构，混凝土采用C40砼，普通筋材采用玻璃纤维增强塑料筋（GFRP筋）见（图版 XVI-2），预应力采用由19根6mmCFRP筋平行编制而成的预应力束，上、下各布置两束。松树坳大桥吊装施工见图版 XVI-3。

完全非金属预应力FRP混凝土梁的施工制作过程与预应力钢筋混凝土梁类似。主要步骤为绑扎FRP筋，立模板，浇筑混凝土，拆模板，张拉预应力，灌浆，最后封锚。与钢筋混凝土梁不同的是，用热固性树脂制作的FRP筋由纤维和树脂组成，具有脆性、易磨损、现场不可弯曲、不可焊接等特点，因此在完全非金属FRP混凝土梁应用过程中需要考虑FRP筋材的存储、维护、搭接、绑扎、安装、浇筑与张拉锚固等问题。经过参照国外相关技术经验及对FRP筋材的性能研究，对预应力FRP混凝土梁的实际施工提出以下几个注意要点。

（1）FRP筋材的存放应该避免高温、紫外线和化学物质等不良环境对其造成损伤；搬运、操作时应更加小心,避免对其表面不同形式的磨损,导致其对碱性环境的抵抗能力降低,并保持表面清洁。

(2)由于热固性树脂制作的FRP筋材具有不可弯曲和不可焊接的特性,FRP筋材的配筋设计必须结合其功能需要和制作工艺,参照钢筋的配筋形式,进行一定的调整和改变。所有筋材的规格、尺寸、形状必须从工厂定制,并且在施工过程中不得随意弯曲改变筋材的形状或者对异形筋材进行过度的弯折等操作。

(3)操作工人应该佩戴手套,防止FRP筋表面纤维和锋利边缘对手部造成伤害;对FRP筋材进行切割时,还应该佩戴眼镜及防尘面具。

(4)FRP筋笼的安装绑扎时,应选用塑料或不会引起腐蚀的材料制椅子进行支撑;绑扎需选用塑料或者尼龙绳等硬度与FRP筋材相当的材料。

(5)由于FRP筋材剪切强度相对较低且表面易受磨损,在混凝土浇筑时,不可使用锋利的铁器、铲锹等冲击振捣,应选用小型的振捣棒,进行缓慢有规律的振捣。

(6)CFRP预应力束也必须从工厂定制生产,根据预应力孔道的长度、锚具与千斤顶长度、张拉方式和原理、材料性能及张拉控制力比较准确地设计CFRP预应力束的锚固段、中间自由段、张拉段及工作段的长度。穿预应力束时,若遇到预留孔道堵塞,清理孔道时,应将CFRP束抽出,以免受冲击损伤;根据CFRP的模量及研发的锚固系统的特点,张拉时应选用与钢绞线张拉相比量程较大的千斤顶;预应力张拉时,要做好两端的安全防护工作。

(7)在梁端封锚时,如果梁两端主筋有被折断的现象,必须在相应位置附件钻孔植入FRP筋。FRP筋的植入使用环氧树脂锚固剂,然后再绑扎封锚筋材,封锚。

教学点2:圬工拱桥——兰陵溪桥、中坝桥等

见图版XⅦ-1。

教学点3:仓库湾中桥

内容:

1. 桥型:2跨连续现浇箱梁——弯桥;
2. 上部构造:现浇弯箱梁;
3. 下部构造:桩柱式桥墩、桩柱式桥台;
4. 基础:钻孔灌注桩基础;
5. 附属结构:人行道、栏杆、支座、伸缩缝、桥面铺装、锥坡、桥面排水;
6. 特点:现浇箱梁,弯桥,墩梁固结,台前锥坡。

见图版XⅦ-2。

教学点4:兰陵溪人行悬索桥

兰陵溪人行悬索桥全长260m,主跨190m,桥塔高38m,桥面宽2m。

内容:

1. 悬索桥的构造及受力特点;
2. 人行悬索桥的特点;
3. 小跨径悬索桥的施工方法简介。

见图版XⅧ-1。

教学点 5：九畹溪大桥

内容：

1. 钢管混凝土桥构造特点；
2. 钢管混凝土桥的主要施工方法及适用范围；
3. 手绘九畹溪大桥桥型布置图（仅立面）。

九畹溪大桥位于三峡库区风茅公路九畹溪与长江交汇处，为净跨径 160m 的上承式等截面悬链线钢管混凝土拱桥，矢跨比 1:6，拱轴系数 $m=1.495$；拱上结构为装配式普通钢筋混凝土空心板，板长 12.66m；主拱圈采用两根直径为 1m 钢管，竖向成哑铃型，拱肋高 2.4m；拱上立柱直径为 0.9m，最高 27m；主拱肋和立柱均采用 12mm 厚 3 号镇静钢；高空连接采用高强螺栓。设计技术标准：山岭重丘三级，时速 30km/h；荷载等级：汽—20，挂 100（公路—Ⅱ级）。

见图版 XVIII-2。

线路七　基地—西陵长江大桥—三峡大坝

教学点 6：西陵长江大桥

内容：

1. 了解悬索桥的分类；
2. 了解悬索桥的构造及细部构造；
3. 了解悬索桥施工过程介绍。

西陵长江大桥位于三峡大坝中轴线下游 4.5km 处，是长江上的第一座悬索桥，为单跨 900m 的双铰全焊钢箱加劲梁悬索桥。大桥全长 1 501.60m，桥宽 18.5m，双向 4 车道。主跨为 900m，一跨过江，如图版 XVIII-3 所示。常水位最大通航净空 30m。其主缆采用工厂预制平行丝股然后现场安装的方法施工，两根主缆总重 4 805t，每根主缆共有 110 根预制平行丝股，每根预制平行丝股含有 91 根 Φ5.1 镀锌高强平行钢丝。吊索采用 Φ45 钢丝绳制作，共有 280 根，重 151t。桥面结构采用钢箱梁。该桥于 1993 年 12 月开工，1996 年 8 月竣工通车，是我国最先建成的长江上跨度最大的悬索公路大桥，已于 1996 年建成通车，成为三峡坝区和鄂西干线公路过江的永久性大桥和观光景点。该桥是三峡工程建设的两岸交通的主要通道，为三峡工程的成功建设立下了汗马功劳。

（1）工程规模。该桥位于长江河谷较为开阔的西峡江段，枯水面宽约 850m，上距大坝坝址约 4 500m。桥面行车道宽 15m，两设各宽 1.5m 的人行道。桥梁设计荷载采用 4 车道汽车—超 20 级的标准，并以挂车—120 验算。前期在大坝施工期间，则以通行满载为 54t 的重载车队进行计算。主桥为单跨双铰式悬索桥方案，一孔跨越整个水面，桥下包容了长江航道在大坝施工截流期间的多次航道变换，确保了在任何情况下均能自由航行和安全通畅。

该桥的中孔跨度为 900m，主缆垂度为 86m，矢跨比 1/10.465。左岸主缆锚跨 255m，其锚碇位于覆盖层深厚的滩地，锚体放在路面以下 51m 深处的基岩上。锚体混凝土用量为 45 000m³。右岸主缆锚跨 225m，其锚碇处在岸上的山脚坡地，锚体半嵌在岩石之中。锚体混凝土用量为 25 000m³。为便于深基坑开挖，两岸的锚碇外形均设计成元宝状。两座主塔位于两岸的边滩，基础采用上、下游分离的布置，各以 6 根 Φ2.2m 的冲挖孔桩嵌入深部的新鲜花岗岩中。其中右塔的基桩较长,约 60m。左塔基础混凝土总量为 1 710m³,右塔基础混凝土总量为 5 780m³。主塔为三层门式钢筋混凝土钢架结构,混凝土强度为 C50。塔身高度为 120m,塔顶高程比大坝顶高出 2.5m。一座主塔的混凝土量为 8 450m³。主孔以外的两端引桥,左岸 3 孔,右岸 4 孔,均为常规性的预应力钢筋混凝土"T"形梁,跨度为 30m。该桥的梁部全长 1 118.66m。

(2)悬索系统。悬索桥的两根主缆上、下游相距 20m,各以 10 010 根 Φ5mm 镀锌高强度钢丝平行组成,经编缆挤紧成圆后的外径约 560mm,钢丝间的空隙率在 18%～20%之间。编缆的方式为预制平行束股法,是国外近 20 年来开始推行的一种方法,简称 PPWS 法,日本所造的悬索桥用得最多。具体的实施是先在工厂以 91 根钢丝按正六角形紧排编为一束,两端装上热铸锚头,上盘运至桥头进行安装。每束的长度约 1 470m,重量为 21t。一根主缆中共有 110 束,亦按六边形顺序排列,依次架到桥上而组编成缆。该桥的主缆镀锌钢丝总用量为 4 900t。主缆经塔顶鞍座越过主塔。鞍座由承缆座与下底板组成,均采用铸钢结构。为了运输与吊装的方便,承缆座分割成前后两半,上到塔顶后再加以栓合成形后就位。单件的最大重量为 21t,全鞍座的总重量为 50t。主缆在进入锚碇时通过散束鞍座向空间展开,然后逐束将锚头连接到锚碇上。散束鞍座亦为铸钢结构,承缆槽由数控机床加工成一端向空间散射的槽路,对主缆中各束的散射方向加以约束。散束鞍座的重量为 20t。鞍座下方采用活动盆式橡胶支座加以承托,使主缆在受力后的变形不会受到约束。该桥采用的解除约束的方案,比通常习惯用的辊轴支承或复杂的摇摆支承要廉价和简单得多。该桥锚碇与主缆束股的连接,采用在锚体混凝土中埋入钢拉杆于锚碇前壁进行连接的方式。整簇钢拉杆顺主缆束股的来向散布,后方连接在数组背梁上以传布拉杆的反力。钢拉杆除进行过防腐处理外,还用隔离层与混凝土隔开,以保证拉杆受力后的变形不会影响周围的混凝土。为了确保其位置准确和在浇注混凝土中不被扰动,特别设计了定位钢支架固定系统。钢拉杆采用的是低强度级别的钢号,有意使其截面尺寸相对厚实以降低可能出现腐蚀所造成的影响。钢拉杆与钢支架的总用钢量为 1 000t。

该桥按水平间隔 12.7m 布设吊杆。全桥共计为 2×70 根。吊杆用双根 Φ45mm 镀锌钢丝绳组成,通过铸钢索夹骑跨在主缆上,下端采用抗疲劳性能较好的冷铸锚头与加劲梁的锚箱连接。索夹分成左右两半铸成,用高强度螺栓夹紧在主缆上。所需的夹紧力按计算确定。索夹上方有两条鞍槽,籍以约束吊杆钢丝绳不致因斜向分力而滑出。吊杆采用骑跨式和用钢丝绳制成,较能缓解因桥梁在纵向或横向发生不可避免的位移时造成的二次应力的危害。

(3)全焊接扁平钢箱梁。箱梁的中心高度为 3m,顶部桥面板全宽 20.6m,横坡 1.5%。底部板的中间为宽 10m 的平段,两侧斜底板以 1/3.7 的斜度上升与两边的垂直竖腹板闭合。箱梁周边各板用同一厚度 12mm。桥面板的纵向加劲肋采用槽形闭口肋,其余周边板均用简单的板式肋加强。该桥因前期使用荷载多为重轮压车辆,为了加强桥面板的承载能力和刚度,在纵向每隔 2.54m 设一道横向实腹肋板。横向实腹肋板较易于尺寸定型。制作中一律按标准件统一下料,采用对接焊成整件板块后就位,以达到有效地约束周边板件在组装成箱体时的外形偏差,使各节段的箱体外形的几何公差基本上处在同向和同等的水平。位于吊杆连接处的横向肋板属于横向传力的主要结构件,为此将其两端伸出两边的垂直竖腹板以外,直接与置于箱梁内腔之外的吊点锚箱相连接。将连接吊杆的锚固结点布置在箱腔的外面,便于安装和检查。在箱体的两侧镶以薄板件制成的装配式导风咀,不参与主截面的受力,只是用于改善箱梁的气动外形。钢箱梁外到外的全宽为 21m。每平方米梁面的用钢量约为 412kg。整孔钢箱梁分成70个12.7m的标准节段和2个长5.5m的梁端节段,在工厂进行全截面制作,用先倒装后翻转的方式以解决主要焊缝的施焊问题。标准节段在构造上完全对称于吊点横向肋来分段,因而得以按单一模式进行制作,各节段完全可以任意互换,从而提高了在桥上对接的速度要求和精度要求。每个标准节段的重量为110t。钢箱梁各节段在桥上组装的临时连接均为可以调节间距的插板式柔性连接,从顶面中心处开始连合,在梁节段逐渐增加而接合缝趋于稳定时再连上底板处和边腹板处的连接。在梁节段完全上齐后,根据全梁的线型要求,再做局部调整固定。钢箱梁的周边板对接焊完成后,再进行加劲肋的嵌补焊接,全长900m的全焊接正交异性板扁平钢箱梁即宣告完成。该桥全部吊装作业只用了不足18个工作日。71个焊接接头用了70天,经仪器逐一检测均一次合格。箱梁内部采用明亮涂料防护,便于内部检查和察看。钢箱梁的端部设有竖向约束支座和侧向风支座。在顺桥向设有纵向限位的装置,对梁的纵向位移加以适当遏阻,以缓解跨中短吊杆发生过大的倾斜位移。

(4) 主缆架设方案。悬索桥的平行钢丝主缆的编缆施工,早期均为空中编丝法。美国在Newport桥开始试用了预制平行束股的办法,其后日本在关门桥开始引用,并广为推行,但其牵引架设工艺始终未脱离空中编丝法的模式。我国第一座现代悬索桥——汕头海湾大桥在设计中采用了预制平行束股的编缆方法,但对牵引跨海的架设工艺设施做了重大的改进,取消了在"猫道"上设置高耸门架的拽拉方案,而是贴近"猫道"面设轨索小车进行牵引,使"猫道"在工作时重心大为降低,而不必要采用反拉索系统以增强其刚度和保持稳定性。又经过不用反拉索系统对"猫道"结构进行风洞试验,证明其抗风稳定性亦不存在问题。汕头海湾大桥主缆架设的成功经验应用于西陵长江大桥,对其工艺与设备进行了完善和改进,提高了架设效率,有效地简化了主缆的牵引架设环节。特别是"猫道"下方反拉索系统的取消,不仅节省了工程费用,而且使施工中桥下航行更为安全和便利。该桥在实施中以不足两小时的操作,即可完成一根长近1 500m的缆索的安装架设。

西陵长江大桥见图版XIX-1。

教学点7:三峡大坝

内容:

1. 了解三峡工程概况与作用;
2. 三峡工程主要建筑物形式及功能。

三峡大坝是当今世界最大的水利枢纽工程,1994年底动工,2006年5月建成主体工程,2009年全部完工,总投资为954.6亿元人民币,三峡工程动态总投资预计为2 039亿元人民币。具有防洪、发电、航运等综合效益,坝顶高程为185m,正常蓄水位为175m,蓄水后回水至重庆,库长600多千米,库容量为393亿m^3,装机容量为1 820万kW,年发电量为846.8亿kW·h。

主要建筑物有大坝、水电站和通航建筑物。

大坝为重力式坝,坝长2 309.47m,最大坝高181m,分泄洪坝段和两个电站坝段。泄洪坝段居河床中部,长483m,设有23个深孔、22个表孔以及22个导流底孔(后期将被封堵)。电站坝位于泄洪坝段两侧,采用钢衬钢筋混凝土联合受力结构衬砌。

水电站分列溢流坝两侧,为坝后式厂房,共安装了26台70万kW水轮发电机。其中左厂房14台,右厂房12台,总装机容量为1 820万kW,年发电量为846.8亿kW·h。另外在右岸山体内预留地下发电厂房,可装6台70万kW水轮发电机组,装机容量为420万kW。三峡水电站以 500kV 交流输电线路和 ±500kV 直流输电线路向华东、华中、华南送电。在左岸坝下游有大型输变电站。

通航建筑物包括永久船闸和升船机,均位于左岸山体中。永久船闸为双线五级连续梯级船闸,可过万吨级船队。升船机为单线一级垂直提升,一次可通过一艘 3 000t 级的客货轮。

三峡大坝鸟瞰图见图版XIX-2,三峡工程见图版IIX-1。

第二节　道路工程认识实习

线路八　基地—茅坪

一、目的与要求

1. 了解公路路基与路面的基本结构;
2. 了解水泥混凝土与沥青混凝土筑路材料的组成与基本要求;
3. 了解公路路基与路面的基本施工方法;
4. 徒手绘制公路水泥混凝土路面与沥青混凝土路面横断面结构图。

二、教学内容

教学点 8:水泥混凝土与沥青混凝土搅拌站

结合风茅公路沿线水泥混凝土与沥青混凝土搅拌站(兰陵九曲垴附近),讲解有关筑路建筑材料的相关知识,主要包括以下内容:

1. 水泥混凝土与沥青混凝土的基本组成;
2. 水泥混凝土与沥青混凝土搅拌站的生产工艺;
3. 结合沿线地层岩性,介绍水泥混凝土与沥青混凝土集料的选择标准。

教学点 9:风茅公路沿线路面大修工程

结合正在进行的风茅公路大修工程进行讲解,主要包括以下内容:

1. 平面线形三要素;
2. 公路组成结构,要求信手绘制公路组成结构图;
3. 公路超高加宽;
4. 公路排水系统;
5. 水泥混凝土路面与沥青混凝土路面的基本施工方法。

道路工程实习见图版IIX-2。

第三节 隧道工程认识实习

线路九 基地—郭家坝沿线隧道

一、目的与要求

1. 了解隧道工程的基本知识；
2. 了解不同的洞门形式；
3. 了解隧道不同的开挖方式；
4. 了解不同隧道支护、超前支护方法及适用条件；
5. 着重了解地质条件与隧道结构选线的关系。

二、教学内容

点号：No.1
点位：龚家坝隧道
点义：隧道基本知识介绍
具体内容：

(1) 隧道基本概况。

(2) 洞体及洞门形态。分离式隧道；隧道衬砌断面采用曲墙拱结构；洞门断面形式：入口为削竹式洞门，出口为端墙式洞门。

(3) 开挖支护。根据弃渣判断，围岩条件较好，钻爆法施工，全断面开挖；洞口有小导管的超前注浆。

(4) 通风。

龚家坝隧道位于三峡库上坝首，湖北省秭归县茅坪镇内。龚家坝隧道2008年8月29日顺利贯通，它是三峡翻坝高速公路工程贯通的首个特长(为翻坝公路5座特长隧道之一)、环保隧道。中国中铁二局第五工程有限公司施工。

龚家坝隧道总造价1.2亿元人民币，按双向4车道高速公路标准建设。它起于秭归县的曲溪桥，止于宜昌长江大桥南岸，隧道左幅长3 197m，右幅长3 186m，最大埋深约180m，所经地区岩石节理发育，地质结构复杂，地下水丰富，环保要求高，但隧道区内均未发现大的断裂。其进口位于茅坪镇银杏沱村曲溪，出口在陈家冲村向家坝。工程施工采用双口掘进，比计划工期提前两个月完工。

隧道建设引进环保理念，坚持零开挖进洞，未采用大切大削的方式来节省工程量，而是结合地质结构和山体走势，建成了与自然结合较好的削竹式隧道洞门(图版IX-1)。同时，对防护工程、房建工程、附属区等进行了景观设计，强调了自然和谐、整体协调和风格统一。

该隧道进口采用的是削竹式洞门，出口为端墙式洞门。削竹式洞门衬砌的纵向坡率为1:1，端墙式洞门面坡率为1:0.25，洞门墙平均厚度约2m。左线进口偏压进洞，进洞时需要按设计先进行基础处理和施做偏压挡墙,按设计施做长管棚或超前小导管后,按中壁法、分部开挖法进洞。所有洞门进洞前需要先施做临时截水天沟,不能让地表流水冲刷仰坡或进洞。

点号:No.2
点位:沿线其他隧道
点义:洞门形式观察;隧道截面形态
描述:

(1)横墩岩隧洞(门洞形式:端墙式洞门,隧道穿过位于灯影组白云岩及白云质灰岩中)(图版ⅩⅪ-2)。

(2)茶园坡隧道(门洞形式:端墙式洞门,线路为曲线形;隧道穿过位于灰岩中)(图版ⅩⅪ-3)。

(3)棕岩头隧道(门洞形式:端墙式洞门,隧道穿过位于石龙洞组白云岩中)(图版ⅩⅪ-4)。

(4)抬上坪隧道和鲤鱼潭隧道(门洞形式:端墙式洞门)(图版ⅩⅪ-5,图版ⅩⅪ-6)。

抬上坪、鲤隧道1997年3月开工修建。隧道采用山岭重丘公路Ⅱ级标准设计。隧道净宽:净7.0m+2×0.5m护轮带,净高4.5m。设计行车速度为30km/h。隧道衬砌断面采用曲墙拱结构。

抬上坪隧道全长247m,隧道纵坡3‰,位于向西倾斜的构造山体,距长江岸壁150~200m,地层岩性为寒武系灰岩,岩层走向近南北倾西,上覆掩体厚度20~80m。

鲤鱼潭隧道全长1 608m,鲤鱼潭隧道距抬上坪隧道600m,鲤鱼潭隧道中间设两个水平通风道,长分别为72m、42m,东南侧为寒武系中统黑石沟组中厚层灰岩、白云质灰岩,北西侧为寒武系上统三游洞组厚层白云岩、灰岩、白云质灰岩,隧道Kl+900地处鲤鱼潭沟,覆盖层最薄。洞门位于向西倾斜的构造山体,距长江岸壁150~200m,地层岩性为寒武系中统黑石沟组中厚层灰岩。

隧道位于黄陵背斜西翼,为单斜构造。隧道沿线地貌属鄂西中低山地貌,高程为360~400m,最高485m,最低335m,相对高差25~185m,临江岸坡坡度一般为30°~40°,局部为70°~80°甚至直立。垂直长江的冲沟发育。沿线山体岩体较完整,上覆厚度为20~250m,侧向厚度一般为30~50m。抬上坪隧道出口临近陡崖边缘,侧向厚度小,卸荷及其他构造裂隙发育,山体稳定性差。沿线揉皱、断层发育,其中发育有F_1(九湾溪断层东断裂)、F_2、F_3三条较大的正断层。沿线地下水主要为岩溶水、裂隙水,主要为地表降水补给。

根据不同围岩类别采用短台阶法、长台阶法、全断面钻爆法开挖施工。采用光面爆破、导爆管雷管毫秒微差起爆,严格控制药量,减少围岩扰动。在鲤鱼潭隧道出口采用迈式自钻式锚杆超前支护,施工中岩溶洞穴采用施做护拱,浆砌片石填塞方法维护通过。

(5)吕家坪隧道(门洞形式:台阶式洞门)(图版ⅩⅩⅢ-1)。

(6)马岭包隧道(门洞形式:台阶式洞门)(图版ⅩⅩⅢ-2)。

(7)米仓口隧道(门洞形式:台阶式洞门)(图版ⅩⅩⅢ-3)。

第三部分　地质灾害治理认识实习

线路十　聚集坊—链子崖—新滩

教学点1：聚集坊危岩体处

内容：

1. 认识危岩体；
2. 了解危岩体治理工程措施。

(1)危岩体基本特征。聚集坊危岩体位于秭归县周坪乡九畹溪村，为发育在寒武系中统覃家庙组的三面临空的高约110余米的岩质斜坡变形体，坡度为70°～80°，前缘高程为224m，后缘高程为340m，体积约$92.5 \times 10^4 m^3$，为一大型崩塌体(图版Ⅷ-4)。危岩体威胁到聚集坊大桥、秭归至巴东公路、国防光缆的安全，影响九畹溪漂流旅游风景区的正常运行。聚集坊危岩体治理前几年多次发生崩塌。其中最严重的崩塌有两次：第一次在1998年，规模为$2 000m^3$，造成一人死亡及秭巴公里临时中断；第二次在2000年，规模为$15 000m^3$，造成秭巴公里中断10余天。小型崩塌及滚石现象时有发生。

危岩体北侧为近似垂直、局部呈负坡、高20～65m的陡岩，无植被；东侧为70°～80°的陡壁，无植被，高60～90m，脚下有约$5 000m^3$岩塌堆积体；南侧为80°以上的陡崖，高70～90m，植被比较茂盛(相对高度系对省道334线路和大桥桥面高程而言，其海拔高度为220～238m)；上部为自然坡度为40°～60°的自然坡面，植被和农作物茂密，山顶高程为342.9 m。陡崖和山坡面上已与母岩剥离的活动危石(俗称"风动石")较多，崖顶偶有活石倒挂。聚集坊危岩体是由两组近20条裂缝切割山体而形成的岩质斜坡变形体，对危岩体起主要破坏作用的为2号、3号、4号、5号裂缝，这4条裂缝将山体近南北向弧形切割。其中2号裂缝最宽处达0.5 m，沿垂直方向由崖顶贯通至坡脚；3号、4号裂缝宽0.2～0.4 m，3号裂缝沿垂直方向已由崖顶贯穿至第二软弱层顶部；4号裂缝沿垂直方向已由崖顶贯通至第一软弱层底部；5号裂缝最大宽度为0.2 m，裂缝沿垂直方向已由崖顶贯通至近坡脚处(图5-7)。

危岩体岩性为白云质灰岩和泥灰岩互层。主要变形方式有开裂、崩塌和坠石。发生崩塌的主要方式有倾倒式和滑移式。

危岩体区内无统一地下水位，地下水仅局部赋存于不均匀的残坡积碎石土、裂隙和基岩破碎带中，受季节性影响明显。

应用刚体极限平衡法和推力传递系数法对危岩体在4种不同工况下的稳定性进行验算，4种工况分别为：①自重；②自重+地震；③自重+裂缝饱水；④自重+裂缝饱水+地震。危岩体沿软弱面的滑移参数c取值0.1～0.15MPa，Φ取值25°～30°；4号、5号裂缝由于滑移面通过白云质灰岩，强度参数c取值1.2MPa，Φ取值35°；裂缝开裂部分的强度参数均取0。

计算结果表明：处于无水状态时，2号、3号裂缝沿上部软弱面滑移的安全系数略大于1.0，处于临界状态。在雨季高强持续降雨的情况下，危岩体极有可能沿2号、3号裂缝发生滑移倾倒式破坏，4号与5号裂缝在工况④的情况下存在发生破坏的可能性。

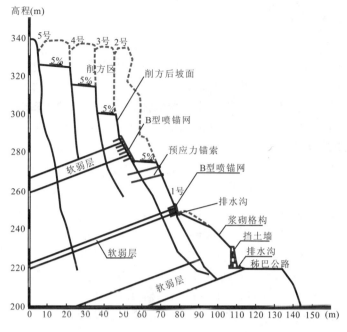

图 5-7 危岩体治理工程剖面

(2)危岩体治理工程。根据危岩体的变形和破坏方式,危岩体主要采取的治理措施为:①危岩体清理和削方减载;②岩石锚索和锚杆加固;③软弱和破碎层锚喷网喷封闭和加固;④崩塌堆积体坡脚缓坡重力式挡墙支挡;⑤裂隙填充和封闭及排水沟等组合而成(图5-8)。

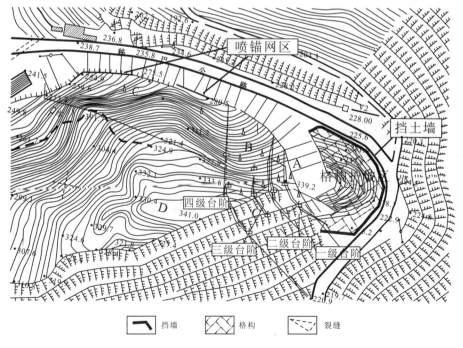

图 5-8 聚集坊危岩体治理工程平面布置图

教学点 2:链子崖

1)危岩体基本特征

链子崖位于湖北秭归县的长江南岸,距三峡大坝 27km,与新滩大滑坡隔江相对,高达 400 多米,总体积 315 万 m^3,扼川江航道咽喉。

在 1995 年 11 月 27 日链子崖危岩体锚固浇筑主体工程正式动工之时,发现大、小裂缝 58 条,主要裂缝有 13 条,最宽的达 5m,最深的达 100 多米。远在 1 000 多年以前,链子崖曾多次发生过重大滑坡崩塌,一次曾堵塞长江达 21 年。

链子崖因地形高陡,过去行人须扶链上下而得名。链子崖危岩体软硬相间,主要由下二叠统坚硬的栖霞灰岩夹薄层页岩组成,坐落于 1.6~4.2m 厚的马鞍山煤系地层之上,岩层走向 N30°~E50°,倾向北西,倾角 27°~35°。总体呈南北向展布,北宽南窄,南高北低,俯视长江。岩顶面向北西倾斜,高程在 180~500m 之间。

链子崖长约 700m、宽 30~180m,发育有 58 条裂缝,将岩体切割成 3 个危岩区(图 5-9):南部的 T_0~T_6 缝区(高程 410~500m,体积约 86.5 万 m^3)、中部的 T_7 缝区(高程 370~390m,体积约 2 万 m^3)和北部的 T_8~T_{12} 缝区(高程 180~330m,体积约 226 万 m^3)。其中,T_0~T_6 缝区危岩体分别被 T_0~T_6 缝段切割,北东两侧临空,底部煤层基本采空,多年来地表宏观变形迹象明显,但由于其"远离"长江(平均距离约 250 m),与宏观变形一直不明显的 T_7 缝段危岩体未被纳入专项治理范围,属监测监控对象;T_8~T_{12} 缝段危岩体因紧临长江,是直接威胁长江航运和三峡工程建设的重大地质灾害。

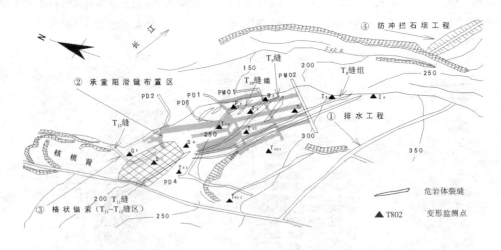

图 5-9 链子崖危岩体防治工程及变形监测点布置示意图

2)危岩体治理工程

链子崖的治理工程由国务院下拨 9 000 万元人民币进行专项综合治理。在对危岩区进行地质勘察、变形监测研究的基础上,1993 年 5 月开始实施链子崖防治工程,主要工作内容包括以下几个方面。

(1)T_0~T_{12} 缝段地表排水工程。为防止雨水流入危岩体裂缝中,在危岩区建立了"三横一纵"的地表排水沟,排水沟横截面 0.8 m×0.8 m,累计长 2 500m;同时分别对 T_8、T_9、T_{12} 宽大裂缝进行了盖板护缝处理。

(2) $T_8 \sim T_{12}$ 缝段煤层采空区承重阻滑键工程。危岩体底部煤层具有近500年的开采历史,陡壁之下采煤洞口就有22个之多,T_8 缝以北的开采区采空面积达68%～90%。大面积采空区的形成改变了山体结构,导致山体应力不断调整,产生不均匀沉陷。实施煤层采空区承重阻滑键工程,目的是防止危岩体继续产生不均匀沉陷。

(3)"五万方"及"七千方"锚固工程。"五万方"危岩体($T_{11} \sim T_{12}$ 缝段)和"七千方"滑移体($T_{14} \sim T_{15}$ 缝段)分别沿各自的软弱结构面顺层滑移变形,锚固的目的就是防止其继续顺层滑移变形。

(4)猴子岭防冲拦石坝工程。猴子岭崩滑体位于链子崖下东侧,是链子崖 $T_0 \sim T_6$ 缝段危岩体崩塌堆积加载区。工程的目的是为了防止链子崖危岩体滚石加载到猴子岭上,引起猴子岭产生崩滑及防止链子崖危岩体滚石直接滚入长江危及长江航运安全。

防治工程于1998年11月结束,链子崖危岩体基本得到控制。

图版ⅩⅩⅢ-1(a)为站在链子崖公园公路上所拍的危岩体裂缝照片。图版ⅩⅩⅢ-1(b)为站在链子崖危岩体山顶上所拍的危岩体最大一条裂缝照片。图版ⅩⅩⅢ-1(c)为危岩体位移监测桩。图版ⅩⅩⅢ-1(d)为危岩体下方崩塌堆集场。图版ⅩⅩⅢ-1(e)、(f)分别为危岩体治理的"五万方"工程和"七十方"工程。

教学点3:新滩滑坡

1)滑坡基本特征

新滩滑坡位于兵书宝剑峡出口的长江北岸,下距坝址26km,原为一多次活动的多级老滑坡,后缘高程约900m,前缘高程为60m,纵长约2km,宽200m(后缘)至800m(前缘),面积为1.1km²,堆积物平均厚30～40m,西侧较厚,最厚达100余米,总体积约3 000万m³。滑前原地面平均坡度23°,以原姜家坡前缘陡坎为界,分为上、下两段:上段为姜家坡斜坡,下段为新滩斜坡。下伏基岩为志留系砂页岩。由于后缘二叠系灰岩组成的广家崖陡崖不断崩塌,大量崩积物堆积在斜坡后缘及姜家坡斜坡上,成为滑坡的物质与动力来源。降水渗入滑体,不断恶化滑面并使之扩展连通,使滑坡变形逐渐发展。1983年5月,姜家坡斜坡进入加剧变形期,而下方的新滩斜坡一直处于稳定状态。1985年6月12日,斜坡上段产生大规模滑移,姜家坡滑坡1 300万m³的土石体整体滑动,在高程380m左右的毛家院平台剪出,约120万m³的土石体加荷于下方的新滩斜坡,带动新滩斜坡产生不同程度的滑移。这次大规模复活的总体积约2 000万m³,其中入江方量为340万m³,堆积于水下的约260万m³。入江方量最大的西侧三游沟口,堆积物占据长江原过水断面的1/3。滑坡涌浪在对岸最大爬坡高度为49m,但向上、下游衰减很快,至下游11km处涌浪仅0.5m,至坝址处已难于察觉。新滩滑坡经此次大规模滑动释放能量,进入了总体稳定下的重新调整变形阶段。新滩滑坡平面图和剖面图如图5-10、图5-11所示。

新滩滑坡发生前,曾进行了长达17年的详细勘测研究和7年的地表变形监测,因此取得了预报成功,使位于滑坡前缘的新滩古镇居民1 371人幸免于难。滑后又进行了综合研究,恢复了地表与深部的变形、应力及地下水观测工作。

2)滑坡治理工程

新滩滑坡治理措施如下:一是在滑坡体中部改田建柑橘园,固土保水;二是在滑坡体上部植树造林,防止水土流失;三是在滑坡体上部兴建大型蓄水池,用于树木灌溉。

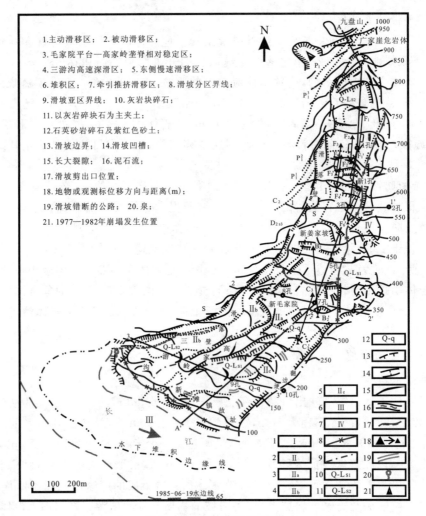

图 5-10 新滩滑坡地质图

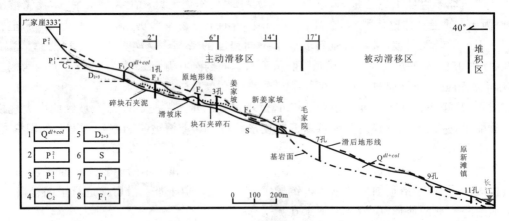

图 5-11 新滩滑坡剖面图
1.第四系崩坡积碎块石及土；2.二叠系灰岩；3.二叠系页岩及煤层；4.石炭系灰岩；5.泥盆系砂岩；
6.志留系砂页岩；7.滑坡前监测点位置；8.监测点滑后位置

图版 ⅡⅩⅣ-1(a)为新滩滑坡发生后的全景照片,图版 ⅡⅩⅣ-1(b)为新滩滑坡治理后的全景照片。

⇨**背景知识链接**

滑 坡

斜坡上的岩土体,沿着贯通的剪切破坏面(带),产生以水平运动为主的现象,称为滑坡。滑坡的发生给当地环境和生命、财产造成的危害称为滑坡灾害。

斜坡是滑坡发生的必要条件,岩土是滑坡发生的物质基础,重力是滑坡发生的动力,斜坡内的软弱结构面(带)是滑坡滑动面发育的基础。滑坡的运动形式是滑动。

线路十一 郭家坝地质灾害治理

教学点 1:狮子包滑坡

内容:了解狮子包滑坡概貌、形成条件、变形破坏特征及防治措施。

1)滑坡区地质环境简介

狮子包滑坡位于郭家坝新镇西侧狮子包的北西侧山梁,地层主要为沙镇溪组(T_3s)灰绿色、深灰色薄—厚层状石英砂岩,含黏土质粉砂岩,含炭质粉砂质黏土岩,炭质页岩,煤层(或煤线)及人工堆积杂填土。滑坡于 2001 年 12 月 1 日失稳滑动,滑距 30m。滑坡为微切层岩质滑坡,发育多个滑面,深部滑面深度达 35~50m。

滑坡区属中等切割丘陵河谷地貌。滑坡区山脊走向 340°,西边是由南向北流入长江的童庄河支流,东边是崔家湾冲沟,北边坡下是长江。区内总体地形南高北低,相对高差 100~200m,地面坡度多为 30°~40°。

滑坡区位于秭归向斜东翼,地层产状为倾 NW 向单斜岩层,倾向 291°~320°,倾角 25°~51°,一般为 30°~38°。东部巴东组(T_2b)地层中发育有 NNE 向郭家坝断裂。岩体中发育 3 组节理裂隙,主要发育于砂岩中,近地表以陡倾角卸荷裂隙为主。

区内水文地质条件简单:滑坡堆积物为透水层,各类砂岩为相对含水层。地下水排泄条件好,地表径流条件好,含水层含水性差。

2)滑坡特征

滑坡后缘以切割山脊的弧形圈椅状滑壁为界,滑壁倾角在 60°左右,壁高约 4m,后补见多条弧形拉裂缝,下错高度 0.1~1m 不等;前缘滑体自复建公路南侧临空剪出后冲入公路,受公路北侧残余山体阻挡而止;东侧以拉裂形成的浅沟为界;西侧壁以 NNW 向的构造裂隙为界,断面光滑平直,形成下坐陡坎,坎高 2~6m。滑坡顺 NNW 向狮子包山梁展布,后缘高程为 312m,前缘剪出口高程为 185m,主滑方向 355°。滑坡平面形态呈长条形,纵长 260m,横宽 20~80m,后窄前宽。滑坡面积为 1 万 m^2,滑体厚 20.8~26.6m,体积为 21.7 万 m^3。

滑坡地形起伏不大,较滑前原地形略微变缓,地面平均坡度角为 26°。中部(水池附近)地形稍缓,在 23°左右;后部和前部稍陡,约 30°。据滑体上原地物水池、公路等推算,该次滑动滑距达 30 m,前舌滑出距约 10 m。

3)滑坡成因及变形特征

2001 年 12 月 1 日,移民修建复建公路,开挖山体形成临空面,导致坡体前缘因重力下滑,并牵引坡体中、后部滑塌。变形特征表现为以下几个方面。

(1) 由于滑坡体向下滑动,在滑坡体后缘形成了宽20～30m、深3～5m的凹地和圈椅状裂缝陡壁;后缘基岩中形成多条弧形拉张裂缝,裂缝宽5～10cm,深及滑带下部的硬质砂岩中;中部滑坡鼓丘位置发育数条顺岩层节理面张裂的不规则的鼓胀裂隙,裂隙宽度一般为20～50cm,长度为3～10cm不等,西侧界顺北西向较深的节理裂开。

(2) 滑坡体在185m高程处剪出,形成了较大范围的巨型块石堆积体,并将移民复建公路掩埋。

(3) 由于上部滑坡体的强烈变形,牵引了较深部泥岩软弱层的轻微滑动,层面上发育大量的滑动镜面。

(4) 由于滑坡变形破坏,地表附属建筑物及通信电缆受到破坏,直接威胁滑坡体下方部分民房安全。滑坡体上原建有一直径9m、高5m、容积320m^3的储水池,整体下滑约30m。

4) 治理工程方案

综合治理方案为:坡面绿化防护、挡土墙支护、四周截排坡面地表水。

图5-12(a)为狮子包滑坡堆积场。图5-12(b)为站在狮子包滑坡前缘拍的滑坡全景照。图5-12(c)为狮子包滑坡东侧的剪裂隙。

(a) 狮子包滑坡堆积场

(b) 狮子包滑坡全景(2007年)

(c) 滑坡东侧的剪裂隙

图5-12 狮子包滑坡相关图片

教学点 2：金钗湾滑坡

1）滑坡简介

金钗湾滑坡位于郭家坝新镇金钗湾一带，由金钗湾Ⅰ号滑坡和Ⅱ号滑坡组成。

金钗湾Ⅰ号滑坡体位于郭家坝镇三峡打蜡厂西侧库岸上。滑坡前缘高程为155m，后缘高程为202m，面积为1.43万 m^2，体积为11.4万 m^3。滑床为香溪组第二段（J_1x^2）灰色薄—中厚层中粗粒砂岩，岩层倾向340°～355°，倾角25°～35°。滑坡主体为第四系坡积物和人工堆积杂填土，表面种有作物。

金钗湾Ⅱ号滑坡及伴生的新滑坡（以下统称Ⅱ号滑坡）位于金钗湾Ⅰ号滑坡东侧库岸上。Ⅱ号滑坡发生于2004年，新滑坡发生时间较新。Ⅱ号滑体整体厚度约20m，宽度为180～200m，后缘高程为190～195m。老滑坡前缘剪出口高程为98m，面积约2.6万 m^2，体积约52万 m^3。滑床为香溪组第四段（J_1x^4）灰色薄—中厚层泥质砂岩，岩层倾向340°～355°，倾角30°～50°。新滑坡后缘高程为188m，前缘剪出口插入江底。滑床为香溪组第三段（J_1x^3）黄色、灰黄色泥岩，滑带为香溪组第四段（J_1x^4）底部黑色页岩及少量香溪组第三段（J_1x^3）泥岩。

2）滑坡治理

Ⅰ号滑坡治理方案：钢筋混凝土抗滑桩、浆砌石挡土墙、截水沟等。施工主要内容为人工开挖桩孔、现浇钢筋混凝土抗滑桩、基槽开挖、人工浆砌石挡土墙、截水沟、回填土等。

Ⅱ号滑坡治理方案：挡土墙，主要用于阻挡抗滑桩间隙的土体；抗滑桩，用于固定滑体，防止其下滑；排水沟。

教学点 3：中心花园滑坡

1）滑坡简介

中心花园滑坡位于郭家坝镇中国海事局前面，处于秭归县郭家坝新镇中心地带。滑坡前缘高程为100m，后缘高程为190m，滑坡面积为6.7万 m^2，体积为97万 m^3。2008年滑坡前缘产生局部变形，毁坏前缘挡墙长约70 m，公路一带产生局部变形。

2）治理及监测措施

(1)削方减载：原理为在滑体上部削坡形成减载平台，后缘及两侧开挖成缓横坡，在中心花园治理中设计了三级台阶。

(2)设计下缓上陡的浆砌块石：混凝土标号大于或等于C30，块石尺寸大于或等于30cm，坡度为25°～30°（当坡度大于30°时，采用格构梁＋锚杆设计）。

(3)在滑坡下部设计抗滑桩。

(4)滑坡体上设计排水沟、截水沟、坡面排水管。

(5)设计变形、孔隙水压力及地下水位监测点。

图版ⅢXⅣ-2为中心花园滑坡治理效果图。

▷**背景知识链接**

滑坡治理方法

(1)排水。拦截和旁引滑体以外的地表水，汇集和疏导滑体中的地下水。

(2)改变斜坡力学平衡条件，如降低斜面坡度、坡顶减重回填于坡脚，必要时在坡脚或其他适当部位设置挡土墙、抗滑桩或锚固等工程防治措施。

(3)改变斜坡岩土性质,如灌浆、电渗排水、电化学加固、增加斜坡植被等。

滑坡监测内容

(1)位移监测。
(2)应力应变监测。
(3)地下水动态监测。
(4)地表水动态监测。
(5)地声监测。
(6)放射元素监测。
(7)环境因素监测。
(8)宏观现象监测等。

线路十二　果品批发市场至凤凰山段库岸防护

教学点:凤凰山段一带库岸防护工程

内容:了解库岸地质结构、防护工程情况。

1)库岸工程地质条件

凤凰山至果品批发市场段库岸位于秭归县新县城东北部,库岸全长 5.08km。长江大致以 SE 向从其东侧流过。该区属低山丘陵区,山包呈深圆状,高程为 100~350 m,高差达 250 m,地势西高东低,向长江倾斜。区内较大的溪沟有两条:南部的徐家冲及北部的凉水沟。其中徐家冲溪由南北两支沟在高程 118 m 处汇交而成。工程区地处黄陵背斜核部前震旦系结晶岩分布区,滨湖路沿线及沟谷处多分布第四系松散堆积物。

按埋藏条件,库岸区地下水可分为孔隙水、孔隙-裂隙水和裂隙水。以大气降水为主要补给源,少数位于地表沟谷的孔隙潜水直接受沟水补给。

凤凰山至果品批发市场段库岸主要由人工回填风化砂松散堆积体组成。三峡水库蓄水后,库水位较天然水位抬高 100m,水位运行变幅达 30 余米。该段库岸在天然状态下整体基本稳定,局部较多人工堆积库岸受地表雨水的冲刷出现坍塌现象。三峡水库蓄水后,受库水位长期浸泡、风浪和船行波的冲击水流侵蚀以及干湿交替影响,使库岸岩土体风化加剧,抗剪强度降低;此外,库水位经常涨落引起地下水动水压力变化,不利因素的综合影响,将会造成库岸剥蚀—坍塌整体滑移变形,即塌岸破坏。

2)塌岸治理工程

塌岸防治需根据塌岸带的岩土体类型、水动力条件、塌岸方式等因素采取综合措施。常用的治理工程有护坡工程、格构锚固工程、抗滑桩工程、重力式抗滑挡土墙工程、排水工程等。

凤凰山至果品批发市场段库岸综合工程治理方案如下。

(1)采取支挡减载工程。在 177m 以下分别按 1:2.75、1:2.65、1:2.5 的坡比进行风化砂回填和干砌块石护面,且在高程 117 m、132 m、147 m、162m 处设 2 m 宽马道,风化砂回填最低点高程为 108m。该工程通过回填面清理、风化砂回填碾压、浆砌石脚槽、干砌护坡、反滤层、浆砌边沟形成。

(2)在郑家花园采用涵洞加明渠进行排水。采用断面分别为 3m×3m 的箱涵和 1/2(3+

6)×1.5 的明渠，排泄高程 177m 以上流域面积的冲沟自然水、雨水和污水。局部地段采用管涵排泄地下水、泉水和生活污水。

(3)植被护坡。在高程 174.5～177m 采用植生块铺面，177 m 以上坡面采用灌木植草护坡，并采用矮挡墙、人行踏步、大理石护栏、排水设施综合治理。

(4)监测工程。在护坡上布置了 20 组监测墩点，进行护坡变形监测、地下水位监测，了解库岸的稳定状态。

主要参考文献

陈德基,汪雍熙,曾新平.三峡工程水库诱发地震问题研究[J].岩土力学与工程学报,2008,27(8):1513-1524.

邓学钧.路基路面工程[M].北京:人民交通出版社,2005.

范立础.桥梁工程(上)[M].北京:人民交通出版社,2001.

顾安邦.桥梁工程(下)[M].北京:人民交通出版社,2000.

李萍.长江山峡库区链子崖危岩体的稳定性分析[D].天津:天津大学建筑工程学院,2003.

李智毅,杨裕云.工程地质学概论[M].武汉:中国地质大学出版社,1994.

廖育民.地质灾害预报预警与应急指挥及综合防治实务全书[M].哈尔滨:哈尔滨地图出版社,2003.

马传明,丁国平,汪玉松,等.水文与水资源工程专业实习指导书[M].武汉:中国地质大学出版社,2011.

绍旭东,程云翔,李立峰.桥梁设计与计算[M].北京:人民交通出版社,2007.

绍旭东.桥梁工程(第二版)[M].北京:人民交通出版社,2007.

唐辉明,晏鄂川,胡新丽,等.工程地质学基础[M].北京:化学工业出版社,2011.

王儒述.三峡水库与诱发地震[J].国际地震动态,2007(3):12-21.

吴瑞麟,沈建武.道路规划与勘测设计[M].广州:华南理工大学出版社,2002.

颜东煌,刘雪锋,田仲初,等.组合体系拱桥的发展与应用综述[J].世界桥梁,2007(2):65-67.

杨进.西陵长江大桥——我国首座大跨度全焊接钢箱梁现代悬索桥[J].土木工程学报,1997,30(4):14-18.

中华人民共和国交通部.JTG B01—2003 公路工程技术标准[S].北京:人民交通出版社,2004.

中华人民共和国交通部.JTG B20—2006 公路路线设计规范[S].北京:人民交通出版社,2006.

中华人民共和国交通部.JTG D30—2004 公路路基设计规范[S].北京:人民交通出版社,2004.

中华人民共和国交通部.JTG D40—2011 公路水泥混凝土路面设计规范[S].北京:人民交通出版社,2011.

中华人民共和国交通部.JTG D50—2006 公路沥青路面设计规范[S].北京:人民交通出版社,2006.

中华人民共和国交通部.JTG D60—2004 公路桥涵设计通用规范[S].北京:人民交通出版社,2004.

中华人民共和国交通部.JTG D61—2005 公路圬工桥涵设计规范[S].北京:人民交通出版社,2005.

中华人民共和国交通部.JTG D62—2004 公路钢筋混凝土及预应力混凝土桥涵设计规范[S].北京:人民交通出版社,2004.

中华人民共和国交通部.JTJ 025—86 公路桥涵钢结构及木结构设计规范[S].北京:人民交通出版社,2005.

图版 Ⅰ

图版 Ⅰ-1 桥面伸缩缝

图版 Ⅰ-2 梳形钢板伸缩缝

图版 Ⅰ-3 板式橡胶伸缩缝

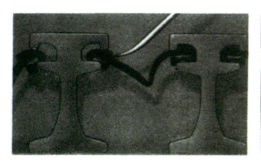

图版 Ⅰ-4 模数式伸缩缝

图版 Ⅱ

图版Ⅱ-1 拉萨河特大桥

图版Ⅱ-2 广州新光大桥

图版Ⅱ-3 湘潭湘江四桥

图版Ⅱ-4 无锡五里湖大桥

图版Ⅱ-5 赵州桥

图版Ⅱ-6 卢沟桥

图版Ⅲ

（a）全景图

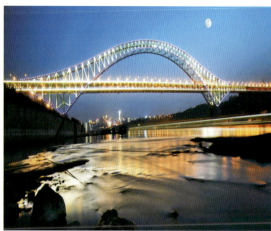

（b）夜景图

（c）行车透视图

（d）施工图

图版Ⅲ-1　朝天门长江大桥

（a）全景

（b）行车透视图

图版Ⅲ-2　上海卢浦大桥

图版 Ⅳ

图版Ⅳ-1　卢浦大桥观光平台

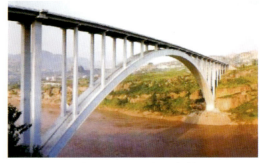

图版Ⅳ-2　万县长江大桥

图版Ⅳ-3　俄罗斯岛跨海大桥

图版Ⅳ-4　苏通大桥

图版Ⅳ-5　多多罗大桥

图版Ⅳ-6　武汉白沙洲长江大桥

图版Ⅳ-7　日本明石海峡大桥

图版Ⅳ-8　润扬长江大桥

图版 Ⅴ

图版 Ⅴ-1　武汉阳逻长江大桥

（a）横向裂缝

（b）纵向裂缝

（c）网状裂缝

图版 Ⅴ-2　裂缝的3种类型

图版 Ⅴ-3　车辙

图版 Ⅴ-4　路面松散剥落

图版 Ⅵ

图版Ⅵ-1　表面抗滑不足及泛油

（a）挤碎破坏　　　　　　　　　　　　　（b）拱起

（c）错台　　　　　　　　　　　　　（d）唧泥

图版Ⅵ-2　水泥混凝土路面破坏类型

图版Ⅵ-3　瓦依昂坝

图版 Ⅶ

图版Ⅶ-1 都江堰鱼嘴

图版Ⅶ-2 飞沙堰

图版Ⅶ-3 宝瓶口

图版Ⅶ-4 葛洲坝水利枢纽工程

图版Ⅶ-5 黄河小浪底水利枢纽工程

图版Ⅶ-6 三峡大坝坝址图

图版Ⅶ-7 三峡工程枢纽总体布置图

图版Ⅶ-8 永久船闸

图版 Ⅷ

图版Ⅷ-1 升船机

图版Ⅷ-2 泗溪溢流坝

图版Ⅷ-3 泗溪引水发电-发电机组

图版Ⅷ-4 泗溪排水沟

图版Ⅷ-5 板桥河堆石坝

图版Ⅷ-6 板桥河堆石坝横剖面图

图版 Ⅸ

图版 Ⅸ-1　板桥河引水管及变电站

图版 Ⅸ-2　岩浆岩岩体中的岩脉

图版 Ⅸ-3　花岗岩与片岩的侵入接触关系（见捕房体）

图版 Ⅸ-4　放射状阳起石

图版 Ⅸ-5　南沱组（Nh_2n）与陡山沱组（Z_1ds）断层接触关系

图版 Ⅸ-6　陡山沱组（Z_1ds）与灯影组（Z_2dy）界线

图版 Ⅸ-7　陡山沱组（Z_1ds）第三、四段

图版 X

图版 X-1 眼球状构造、豆荚状构造

图版 X-2 水井沱组（$\in_1 s$）"飞碟石"

图版 X-3 地堑构造

图版 X-4 石牌组（$\in_1 sp$）与天河板组（$\in_1 t$）界线

图版 X-5 天河板组（$\in_1 t$）中的生物礁灰岩

图版 X-6 石龙洞组（$\in_1 sl$）与覃家庙组（$\in_2 q$）界线

图版 XI

图版 XI-1　覃家庙组（$\epsilon_2 q$）与三游洞组（$\epsilon_3 sy$）界线　　　图版 XI-2　三游洞组（$\epsilon_3 sy$）中的叠层石

图版 XI-3　奥陶系龟裂灰岩及角石化石

图版 XI-5　南沱组（$Nh_2 n$）与陡山沱组（$Z_1 ds$）　　　图版 XI-4　莲沱组（$Nh_1 l$）底砾岩
　　　　　平行不整合接触

图版 XII

图版 XII-1 灯影组（Z_2dy）与陡山沱组（Z_1ds）界线

图版 XII-3 雁列节理、火炬状节理

图版 XII-2 和尚洞入口

图版 XII-4 叠层石

图版 XII-5 鱼泉洞

（a）断裂全貌

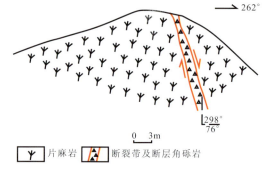

（b）九曲垴中桥断层剖面图

图版 XII-6 九曲垴中桥东端处断层观察

图版 XIII

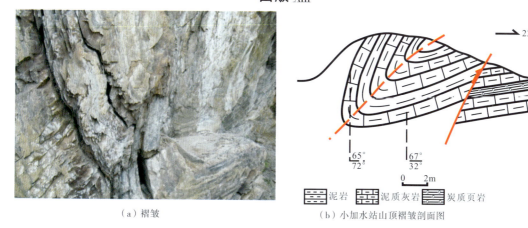

(a) 褶皱 (b) 小加水站山顶褶皱剖面图

图版XIII-1　小加水站褶皱观察

(a) 九畹溪大桥桥头平卧褶皱

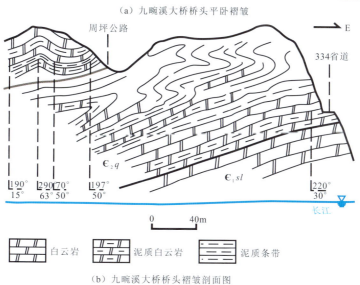

(b) 九畹溪大桥桥头褶皱剖面图

图版XIII-2　九畹溪大桥桥头平卧褶皱观察

图版 XIV

(a) 断裂冲沟

(b) 擦痕和重结晶现象

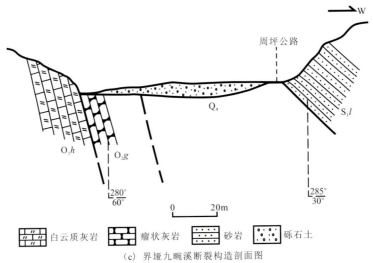

(c) 界垭九畹溪断裂构造剖面图

图版 XIV-1 九畹溪断裂观察

图版 XV

(a) 断层通过正、负地形分界处
(b) 构造透镜体
(c) 断层角砾岩
(d) 断层带擦痕
(e) 地表位移观测点
(f) GPS观测点
(g) 仙女山断裂剖面图

图版XV-1　仙女山断裂观察

图版 XVI

图版XVI-1 周坪仙女山断裂上方石炭系灰岩处的岩溶水

（a）GFRP矩形螺旋箍筋

（b）GFRP圆形螺旋箍筋

图版XVI-2 GFRP筋材形式

图版XVI-3 松树坳大桥吊装施工

图版 XVII

（a）兰陵溪桥——空腹式拱桥

（b）中坝桥——实腹式拱桥

（c）单跨空腹式石拱桥

（d）钢筋混凝土箱型肋拱桥

图版XVII-1 圬工拱桥

图版XVII-2 仓库湾中桥

图版 XVIII

（a）桥面透视　　　　　　　　　　　　　　　　（b）主缆

图版XVIII-1　兰陵溪人行悬索桥

图版XVIII-2　九畹溪大桥

图版XVIII-3　西陵长江大桥全桥鸟瞰图

图版 XIX

（a）车行视角透视

（b）卫星航拍图（西侧4.5km三峡）

（c）南锚碇系统

图版XIX-1　西陵长江大桥

图版XIX-2　三峡大坝鸟瞰图

图版 ⅨX

（a）泄洪

（b）船闸

图版ⅨX-1　三峡工程

（a）公路平面、横断面

（b）公路养护

（c）护栏、防撞墩、排水设施

（d）漫水路面

图版ⅨX-2　道路工程实习

图版 IIXI

图版IIXI-1 入口：削竹式洞门

图版IIXI-2 横墩岩隧洞

（a）茶园坡隧道入口

（b）茶园坡隧道出口

图版IIXI-3 茶园坡隧道

（a）棕岩头隧道入口

覃家庙组白云质灰岩

石龙洞组白云质岩

（b）棕岩头隧道出口

图版IIXI-4 棕岩头隧道

图版IIXI-5 抬上坪隧道

图版IIXI-6 鲤鱼潭隧道

图版 ⅩⅫ

（a）入口

（b）出口

图版 ⅩⅫ-1　吕家坪隧道

图版 ⅩⅫ-2　马岭包隧道

图版 ⅩⅫ-3　米仓口隧道

图版 ⅩⅫ-4　治理前危岩体全貌

图版 ⅩⅩⅢ

(a) 链子崖危岩体裂缝

(b) 图(a)最大裂缝对应的平面图

(c) 链子崖山顶监测桩

(d) 危岩体下崩塌堆积物

(e) "五万方"锚固工程竣工场景

(f) "七千方"滑移体防治工程

图版 ⅩⅩⅢ-1 链子崖危岩体相关图片

图版 XXIV

(a) 新滩滑坡发生后全景图

(b) 治理后的新滩滑坡全景图

图版 XXIV-1　新滩滑坡相关图件

图版 XXIV-2　中心花园滑坡治理效果图